컬러 최신판

조경 수목 피해 병해충 진단 및 처방

(전염성 및 비전염성 방제)

학술정보센터

발간사

수목의 피해는 충해, 병해(전염성 병), 생리적 피해(비전염성 병)의 세 종류로 구분할 수 있다(이, 2015). 충해는 천공성 충해, 흡즙성 충해, 식엽성 충해, 충영형성 충해로 나눌 수 있고, 병해(전염성 병)는 침엽수 병해, 낙엽활엽수 병해, 상록활엽수 병해, 기타 병해로 나눌 수 있다. 생리적 피해(비전염성 병)는 토양적 피해, 기상적 피해, 인위적 피해, 생물적 피해가 있다. 토양적 피해는 건조 피해, 과습 피해 등이 있고, 기상적 피해는 고온, 저온, 폭설, 폭우 등이 있다. 인위적 피해는 토양 환경변화 피해, 대기오염 피해, 염해 피해, 복토 피해, 이식 피해, 고의 훼손 피해 등이 있다. 생물적 피해는 야생동물, 담쟁이덩굴, 이끼에 의한 피해, 이웃나무끼리의 경쟁에 의한 피해가 있다.

가로수, 천연기념물인 노거수와 보호수의 경우 가장 피해가 많은 것은 생리적 피해(비전염성 병)이며, 충해, 그리고 병해(전염성 병) 순으로 나타나고 있다. 생리적 피해 중에서는 인위적 피해가 가장 많다. 토양적 피해는 온난화 현상으로 건조 피해, 과습 피해가 나타나고 있고, 기상적 피해는 고온, 저온, 강풍, 태풍, 폭우, 폭설 피해가 나타나고 있다. 인위적 피해는 사람의 부주의로 부적절하게 나무를 식재하거나 주변의 토목 공사로 복토 피해가 많이 발생하고 있다.

병해충에 의한 수목 피해의 경우 병해 종류는 1,200여종, 해충 종류는 2,400여종이 보고되어 있다(강, 2014). 가장 문제가 되고 있는 수목의 병해충으로는 소나무 재선충병과 솔잎혹파리, 녹병, 붉은별무늬병, 나무좀류, 미국흰불나방, 뾰족후박나무이, 수양버들잎혹벌(가칭), 때죽납작진딧물(가칭) 등이 있다. 수목 피해에 대한 정확한 진단은 올바른 처방으로 이어지며, 현재 처방 중에서는 방제의 비중이 상당히 높은 편이다. 정 등(2004)에 의하면 방제에 많이 활용되는 살균제는 크게 보호 살균제와 직접 살균제로 나뉜다. 보호 살균제는 병원균의 포자가 기생 식물에 부착되어 발아하는 것을 저지하거나 식물이 병원균에 대하여 저항성을 갖게 하는 등의 예방 특성을 갖고 있다. 직접 살균제는 균의 세포벽 및 세포막을 투과하여 강력한 살균 작용을 일으킨다.

우리나라는 중위도 지대에 위치하고 있어 4계절이 뚜렷하게 나타나는 온대성 기후이지만, 지구 온난화에 따른 기후 변화의 조짐을 겪고 있어 수목의 관리가 갈수록 어려운 것이 현실이다. 앞으로 정확한 진단과 적절한 치료 및 다양한 관리가 더 중요하다고 볼 수 있다. 본 연구에서는 직접 다양한 수목의 피해를 진단한 사례를 바탕으로 병해충 및 생리적 피해에 대한 처방과 그에 따른 적절한 방제법을 제시하여, 수목 처방 및 방제에 관심 있는 이들에게 현장에 적용할 수 있는 실질적인 내용을 제공하고자 한다.

CONTENTS

01
수목피해 진단

02 충해의 진단 및 처방

03 병해(전염성 병)의 진단 및 처방

CONTENTS

04 생리적 피해 (비전염성 병)의 진단 및 처방

05
맺음말과 해설

01 충해의 진단 및 처방

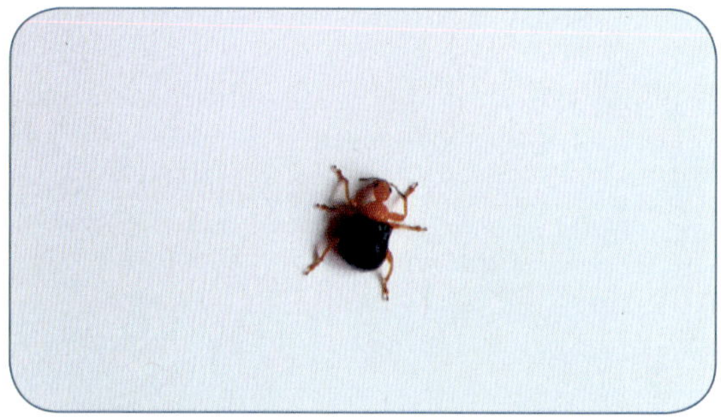

사진으로 찾아보기

02 병해(전염성 병)의 진단 및 처방

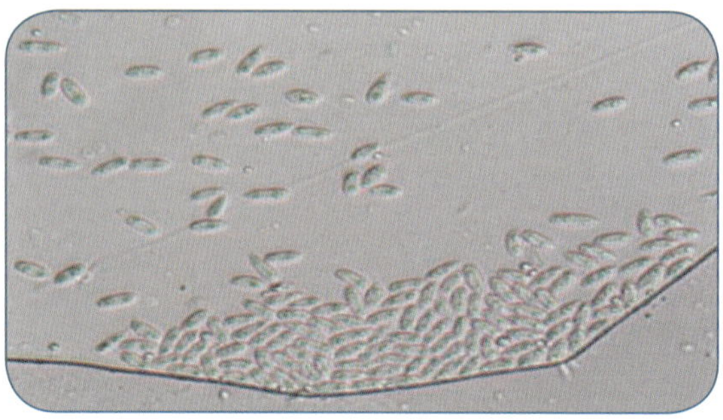

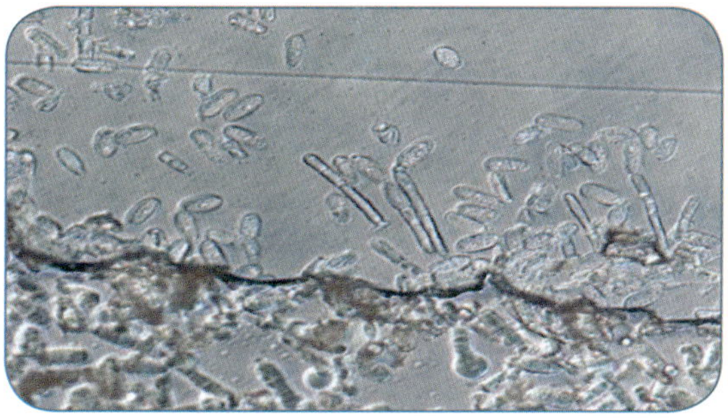

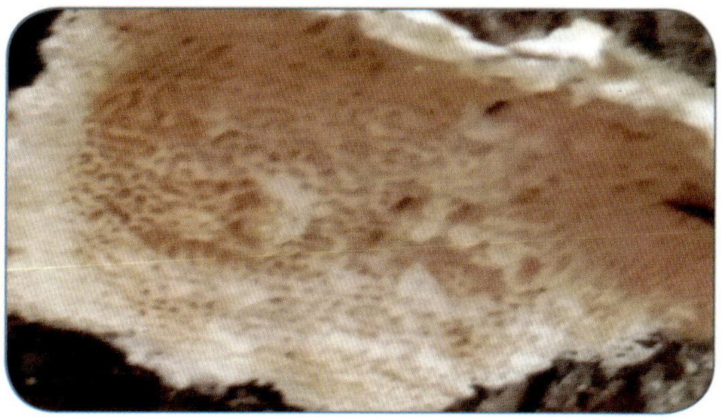

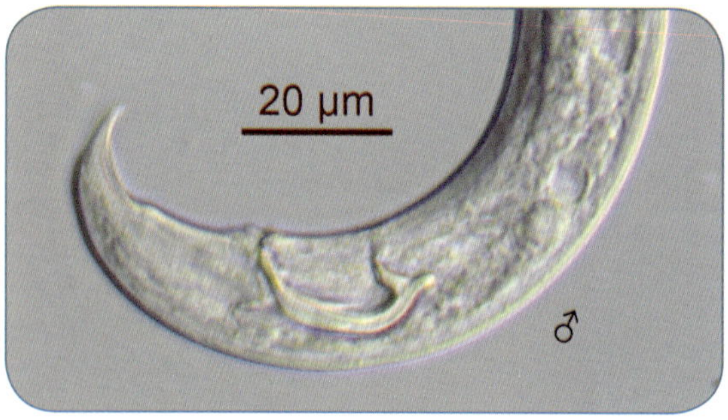
20 μm
♂

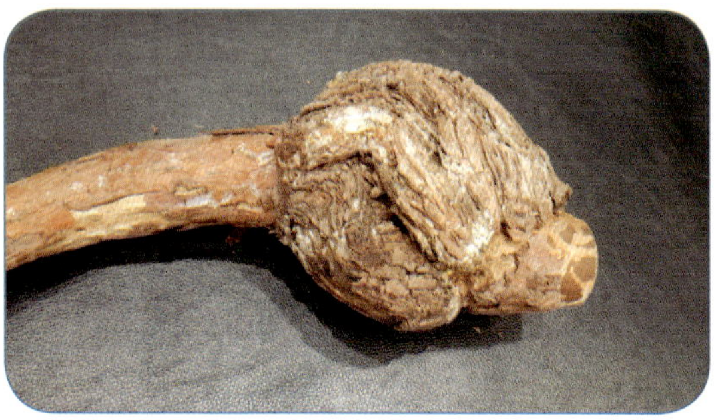

03 생리적 피해 (비전염성 병)의 진단 및 처방

사진으로 찾아보기

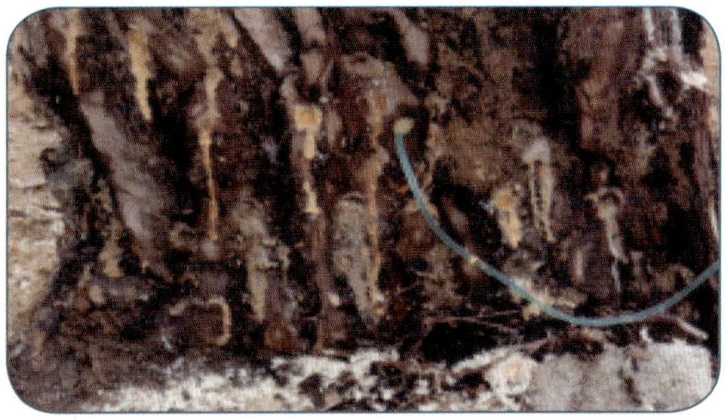

수목 피해 진단

1. 수목 활력도 측정

나무 청진기 Shigometer를 이용한 수목 활력도 측정

미국의 Shigo 박사가 개발한 Shigometer를 이용하여 나무의 활력도(건강여부)를 진단하였다.

그림 1의 Shigometer를 이용하여 형성층 안쪽에 전극을 꽂아 전극 간 저항치(KΩ)로 수분함량과 수분 내 이온함량을 파악하였다. 즉, 형성층과 형성층 안쪽에 살아 있는 목부조직(2차 목부)인 도관 내 수분과 이온 함량이 높으면 전기가 잘 흘러 전기 저항치가 낮아지고, 도관 내 수분과 이온 함량이 낮으면 전기가 적게 흘러 전기 저항치가 높아진다는 원리를 이용하였다(박, 2014).

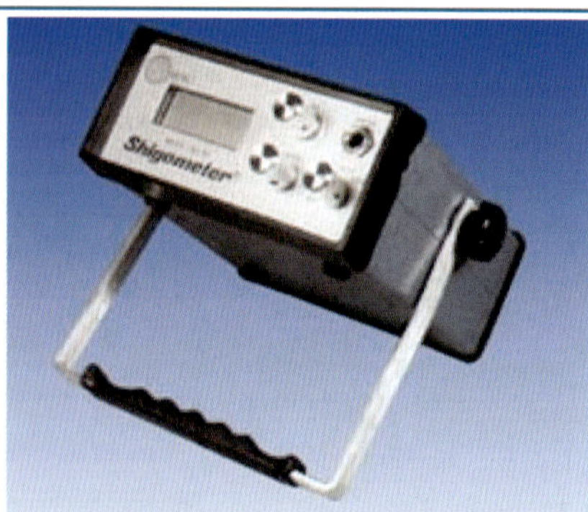

그림 1.
Shigo meter
(www.sinjung.co.kr)

한국형 나무청진기 Junsmeter를 이용한 수목 활력도 측정

한국형 Junsmeter는 박현준, 이경준, 나용준이 함께 개발한 기계이다(이, 2015). Junsmeter는 Shigometer에 비해 건강한 나무의 활력도 수치 차이는 최대 1.5배 증가시키고, 죽어가는 나무의 수치 차이는 최대 3배 감소시키도록 개발되어 표 1과 같이 나무의 건강 상태를 보다 정확하게 측정할 수 있기 때문에 Junsmeter를 이용하여 나무의 활력도를 측정하였다.

측정 장비	수치 및 나무활력도						
Juns meter	100	86	80	74	64	55	47
Shigo meter	0	10	15	20	30	40	50
나무활력도	매우 좋음		좋음		나쁨	고사목	

표 1. Juns meter와 Shigo meter 측정치에 따른 나무 활력도 판정표

2. 토양 전기전도도 측정

토양 pH 측정기(EC/Soil PH tester)를 이용한 토양 조사

토양 pH 측정기를 이용하면 현장에서 토양의 염분 함량, 수분 함량을 측정할 수 있어서 염해 피해, 건조 피해, 과습 피해를 파악할 수 있다. 또한, 토양을 반입할 때 토양의 전해질 물질을 확인할 수 있다. 현재는 표준 단위로 EC(Electrical conductivity)를 사용하고 EC와 염분농도의 단위 환산은 표 2와 같다.

- EC=용액 1 ㎝ 사이의 비저항 값의 역수 멀리모(mmho/㎝)
- 1 dS/m=1 mS/㎝=1 mmho/㎝(1 s=1 mho)=1,000 uS/㎝
- ds : decisiemens, EC: Electrical Conductivity)
- 1 dS/m=10 mmol/L=640 mg/L=0.064%(0.1~5 ds/m 범위 내)

염분종류	분자량	EC -> 염분농도(%)		염분농도(%) ->EC	
		EC	염분농도(%)	염분농도(%)	EC
NaCl	58.5	101 s/m	0.059	100 mmol/L	10.5
$MgCl_2$	95.2		0.059		10.0
$CaCl_2$	110.0		0.110		10.0
$MgSO_4$	120.4		0.120		5.8

표 2. EC와 염분농도 단위 환산(박, 2011)

한국형 토양 진단기 Soil meter를 이용한 토양 조사

표 3과 같이 Soil meter로 측정한 토양 수분함양을 조경 토양의 대표적인 5가지 토성별로 건조, 적정, 과습으로 나누었다. 사토와 식토는 수목식재에 부적합하기 때문에 수목 식재 시 가급적 사용을 피하는 것이 좋으며, 부득이하게 사용할 경우 식토는 유공관이나 직접적인 토양개량, 사토는 관수 시설을 반드시 해야 하는 것으로 판별하였다.

토성	Soil Meter1 토양 수분 함량(V%)			비고
	건조 위조점 (15기압)	적정 유효수분 (0.3~15기압)	과습 수분포화 (0.3기압 이상)	
사토	3이하	3~5.3	5.3이상	수목식재 부적합
사양토	7.3이하	7.3~18.8	18.8이상	수목식재 적합
양토	10.2이하	10.2~26.0	26.0이상	
식양토	16.6이하	16.6~28.6	28.6이상	
식토	21.2이하	21.2~31.4	31.4이상	수목식재 부적합
토양개량	관수, 수분살포		유공관, 암거배수	

표 3. Soil meter로 측정한 토양 수분함양(박, 2011)

토양염분(dS/m)에서 전기 전도도(EC)는 토양용액중 전해질 이온(전기적 양이온, 음이온)의 농도를 나타내는 척도로써 저항의 역수로 나타내며, 과거에는 mmho/㎝ 단위를 사용하였다(박, 2014).

- EC : 토양과 물의 비율을 1:5로 하여 측정한 값

3. 병원균 동정

표본 관찰 및 동정

병원균을 동정하기 위해 광학 현미경 Nikon Eclipse 80i로 검경하였다.

병원균 분리

식물체 병반을 메스와 핀셋을 이용하여 일정 크기로 4등분하여 30초, 60초, 90초, 120초 시간에 따라 70% 에탄올에서 멸균한 후 1분간 멸균수에 세척하고 배지 위에 치상하였다. 균배양 3~4일 정도 되면 배지에서 자란 균총의 균사말단부위를 다시 다른 배지로 옮겨 계대배양을 하고 7일 후 현미경으로 관찰하였다.

현미경 관찰

스카치테이프를 이용하여 식물체 표면에 묻어 있는 곰팡이 자실체를 떼어 내고, 멸균수를 슬라이드 글라스에 약간 떨어뜨린 다음 시료를 그 위에 놓고 커버 글라스를 덮어서 현미경 배율에 따라서 관찰하였다.

4. 해충 동정

표본 제작

야외에서 채집한 곤충을 실험실로 가져와 성충은 건조 표본으로, 유충은 액침 표본으로, 미소곤충은 슬라이드 표본으로 제작하였다.

동정

정확한 동정을 위해 건조 표본 및 액침 표본은 해부 현미경 하에서 슬라이드 표본은 광학현미경 하에서 도감이나 관련 분류 논문을 활용하여 동정하였으며, 일부 동정이 어려운 해충은 전문가에게 의뢰하여 확인을 하였다.

충해의 진단
및 처방

식엽성 충해

두줄제비나비붙이
등빨간거위벌레
차주머니나방

1. 충해의 진단 및 처방

식엽성 충해

두줄제비나비붙이(*Epicopeia menciana*)

대상기주 느릅나무(*Ulmus davidiana* var. *japonica*)

진단일자 2015년 9월 21일

장소 전북 순창군 향가 유원지

진단내용

해당 수목을 관찰해 보니 담갈색을 띠고 있는 부화한 유충과 몸 위로 무수한 흰색 돌기들이 있는 몸길이 30 ㎜ 정도의 노숙유충이 발견되었다. 정확한 충명을 알기 위해 순천대학교에 자문을 구한 결과 두줄제비나비붙이로 진단하였다.

두줄제비나비붙이의 모습과 그 증상

두줄제비나비붙이의 모습과 그 증상

처방내용

물리적 방법 피해가 경미한 경우에는 유충들을 직접 제거하도록 하였다.

화학적 방법 5월초에 트리클로르폰 수화제나 페니트로티온 유제를 7~10일 간격으로 1~2회 살포하도록 하였다(한, 2010).

두줄제비나비붙이 방제를 통한 수세 회복 모습

두줄제비나비붙이 방제를 통한 수세 회복 모습

등빨간거위벌레(*Tomapoderus ruficollis*)

대상기주 느릅나무(*Ulmus davidiana* var. *japonica*), 느티나무(*Zalkova serrata*)

진단일자 2015년 7월 25일

장소 전북 순창군 인계면사무소

진단내용

등빨간거위벌레는 신엽과 노엽을 가리지 않고 가해를 하여 느티나무나 느릅나무에게 피해를 입힌다. 신엽을 잘라 통모양으로 만들어 그 곳에 산란을 하고, 알 색상이 산란 시에는 노란색이었다가 부화가 가까워지면 짙은 갈색으로 변하는 특징을 보여서 등빨간거위벌레로 진단하였다.

등빨간거위벌레의 모습과 그 증상

등빨간거위벌레의 모습과 그 증상

처방내용

물리적 방법 피해 정도가 심하지 않을 경우에는 등빨간거위벌레를 직접 제거하도록 하였다.

화학적 방법 피해가 심할 경우 발생할 때마다 노발루론 액상수화제 2,000배액을 10일 간격으로 2~3회 정도 살포하도록 하였다(문과 이, 2014).

등빨간거위벌레 방제를 통한 수세 회복 모습

차주머니나방(*Eumeta minuscula*)

대상기주 느릅나무(*Ulmus davidiana* var. *japonica*)

진단일자 2011년 8월 1일

장소 광주광역시 동구 운림동 동산마을

진단내용

차주머니나방은 느릅나무, 버즘나무, 은행나무, 벚나무 등에 피해를 준다. 산등성이나 계곡 등에는 별로 피해가 없으나 도심지에서는 각종 낙엽수에 피해를 많이 주고 있는 실정이다. 주머니 길이가 23~40 ㎜로 황백색이고(신 등, 2008), 유충에서 번데기까지 주머니 속에 있는 모습을 보여서 차주머니나방으로 진단하였다.

차주머니나방에 의한 피해

차주머니나방에 의한 피해

처방내용

물리적 방법 발생량이 적으면 유충(주머니)을 채취하여 소각하도록 하였다.

화학적 방법 7~8월에 비스트리플루론 · 플루페녹수론 액상수화제 1,000배액을 10일 간격으로 3회 정도 살포하도록 하였다.

친환경방제 방법 홍명이박플러스 500 ㎖/25말(원료: 고삼, 계피, 멀구슬)을 살포하도록 하였다.

차주머니나방 방제를 통한 수세 회복 모습

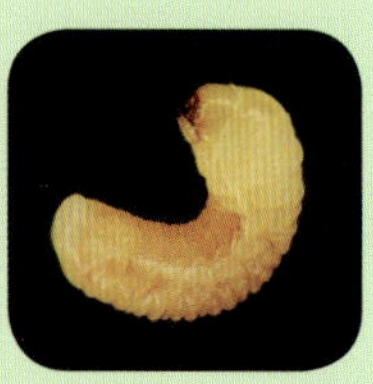

천공성 충해

복숭아유리나방
소나무좀
향나무좀
향나무하늘소

천공성 충해

복숭아유리나방(*Synanthedon bicingulata*)

진단내용

주로 벚나무 지제부와 흉고 직경 사이에 수지와 톱밥이 엉켜서 흘러내리다 부착된 모습이 종종 보인다. 수피 밑의 형성층까지만 가해하고 목질부는 뚫지 못하고 지나간 흔적만 남긴다.

복숭아유리나방 피해 모습

처방내용

물리적 방법 수지와 톱밥이 나오는 구멍을 찾아 뾰족한 철사로 유충을 잡는다.

화학적 방법 페니트로티온 유제와 다이아지논 유제를 1,000배액으로 혼합하여 우화 최성기인 8-9월에 10일 간격으로 2-3회 줄기에 살포한다.

소나무좀(*Tomicus piniperda*)

진단내용

소나무좀은 봄에 수간을 가해하여 나무에게 피해를 준다. 봄에 부화한 약충은 6월초쯤 신성충이 되어 신초를 가해한다. 이것을 2차 피해 또는 후식 피해라고 한다.

소나무좀 피해 모습

소나무좀 피해 모습

처방내용

화학적 방법 페니트로티온 유제와 다이아지논 유제를 500배액으로 혼합하여 3월초-4월 중순까지 10일 간격으로 3-4회 살포한다.

향나무좀(*Phloeosinus perlatus*)

대상기주 편백나무(*Chamaecyparis obtusa*)
진단일자 2015년 7월 16일
장소 전남 순천시 신대지구 편백 숲

진단내용

향나무좀은 성충이 3 ㎜ 정도로 4~5월, 7월 2회 발생하여 향나무, 편백, 화백 등의 인피부를 돌면서 피해를 주는데, 해당 수목을 살펴보니 향나무좀이 인피부 대부분을 가해하여 피해가 심하였다. 피해 지역은 철도부지에 흙을 성토하여 편백나무를 식재한 곳으로 단단한 점질토라서 배수불량이 심하였다. 토양진단기로 측정해보니 유효 수분이 40.1%(적정 유효 수분은 21.2~31.4), 토양 염분이 0 ds/m, 토양 온도가 25℃로 지나치게 과습하여 불량해졌기 때문에 충해가 쉽게 발생한 것으로 진단하였다.

향나무좀에 의한 피해

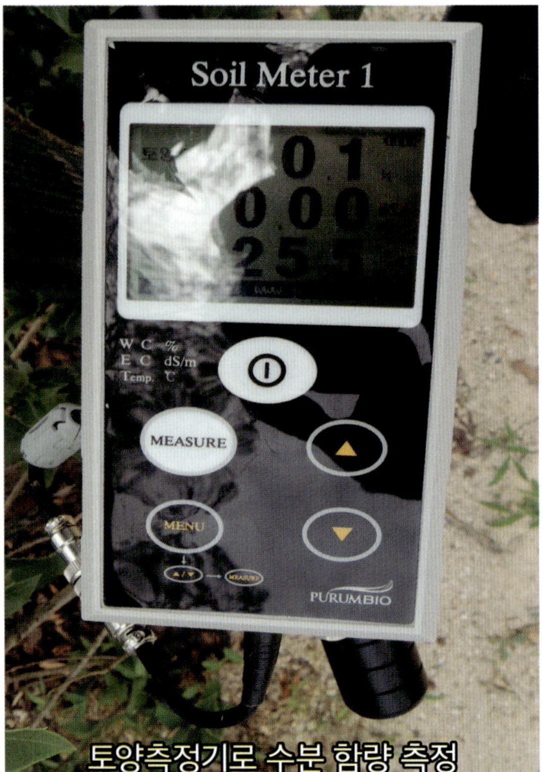

토양측정기로 수분 함량 측정

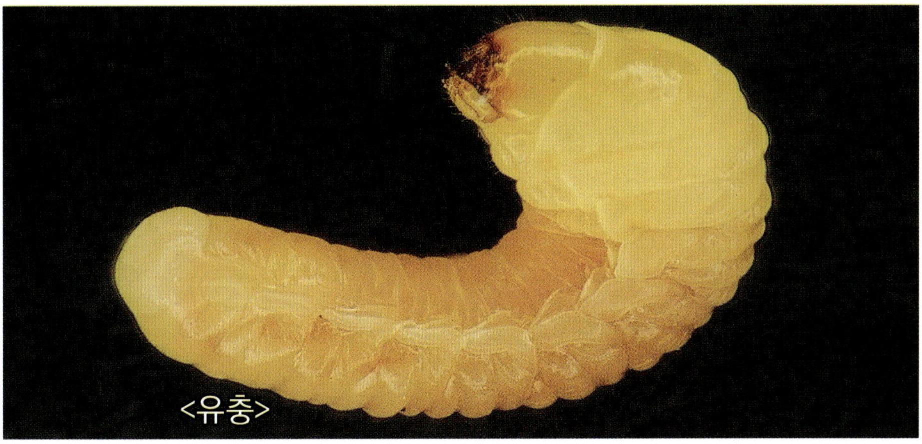

향나무좀의 유충과 성충

처방내용

물리적 방법 피해가 심한 편백나무는 제거하고, 배수불량 지역의 편백나무는 일부 뿌리가 썩어 가고 있기 때문에 토양 밑 20 ㎝ 까지 파내서 썩지 않은 조직에서 절단하도록 하였다. 부분 박피수술 후 점질토를 파내고, 석회, 마사토, 부엽토를 넣어 토질을 개선하도록 하였다.

화학적 방법 페니트로티온 유제와 다이아지논 유제를 혼합하여 3~4월과 7월에 300~500배 희석액을 6~8일 간격으로 2~4회 살포하도록 하였다.

친환경방제 방법 콩과 열매 추출 식물성 오일인 바이비트 침투 이행성 활성제(100 ㎖/25말)를 살포하도록 하였다.

향나무좀 방제를 통한 수세 회복 모습

향나무하늘소(*Semanotus bifasciatus*)

대상기주 편백나무(*Chamaecyparis obtusa*)
진단일자 2015년 7월 16일
장소 전남 순천시 신대지구 편백 숲

진단내용

향나무하늘소는 향나무류, 측백나무, 편백나무, 화백나무를 가해하는 해충으로 신대지구 편백 숲에 피해를 주고 있다. 향나무하늘소는 인피부와 변재부 사이에 구멍을 뚫어 가해진 톱밥과 배설물을 구멍 내부에 차곡차곡 쌓아 놓고 피해를 주기 때문에 피해 구멍을 찾기가 어렵다. 구멍은 환상으로 피해 수목의 수분과 탄수화물 공급을 끊어 결국은 고사하게 한다. 피해 지역은 철도부지를 편백 숲으로 가꾼 곳인데 철도부지 자체가 점질토라서 배수 불량으로 인한 과습 피해가 극심한 상황이었다. 토양진단기로 측정해보니 유효 수분이 38.2%(적정 유효 수분은 21.2~31.4), 토양 염분이 0.03 ds/m, 토양 온도가 25℃로 수세가 불량하여 향나무하늘소가 발생한 것으로 진단하였다.

향나무하늘소에 의한 피해

토양측정기로 수분 함량 측정

향나무하늘소의 유충

처방내용

물리적 방법 피해가 심한 편백나무는 제거하고, 배수불량 지역의 편백나무는 일부 뿌리가 썩어 가고 있기 때문에 살아 있는 조직에서 절단하도록 하였다. 부분 박피 수술 후 점질토를 파내고, 석회, 마사토, 부엽토를 넣어 토질을 개선하도록 하였다.

화학적 방법 페니트로티온 유제와 다이아지논 유제를 혼합하여 3월 중순~4월 중순에 300~600배 희석액을 6~8일 간격 2~3회 살포하도록 하였다.

친환경방제 방법 바이비트(콩과 열매 추출 식물성 오일) 침투이행활성제 100 ㎖/25말로 살포하도록 하였다.

향나무하늘소 방제를 통한 수세 회복 모습

충영형성 충해

느티나무외줄면충
때죽납작진딧물
뾰족생달나무이
뾰족후박나무이
솔잎혹파리
수양버들잎혹벌
수양버들혹파리

충영형성 충해

느티나무외줄 면충(*Paracolopha morrisoni*)

진단내용

느티나무 잎에 작은 혹처럼 생긴 표주박 안에서 성충과 약충이 수액을 빨기 때문에 나무는 수세가 약해진다. 초기 때는 혹이 짙은 녹색을 띠고 있지만 유시충이 뚫고 나가면 갈색으로 변한다.

느티나무외줄 면충 피해 모습

처방내용

물리적 방법 느티나무 주위의 대나무(중간기주)를 제거한다.

화학적 방법 3월말부터 아세타미프리드 수화제 2,000배액을 10일 간격 3회 이상 살포하거나 이미다클로프리드를 흉고직경 1 ㎝ 당 0.3 ㎖ 수간주사한다.

때죽납작진딧물(*Ceratovacuna nekoashi*)

대상기주 때죽나무(*Styrax japonica*)
진단일자 2015년 8월 3일
장소 전북 순창군 적성면 도로변

진단내용

7월 하순에 유시태생 암컷이 벌레혹 끝의 구멍으로 탈출하여 여름 기주인 나도바랭이로 이동하고, 가을에 다시 때죽나무로 돌아온다. 해당 수목을 살펴보니, 천적인 홍가슴애기무당벌레가 납작진딧물을 대부분 먹어 치워 벌레혹이 흉측하게 말라 있었다. 어린 가지 끝에 황록색의 방추형 벌레혹이 형성되어 있고, 그 끝에 돌기가 있었다. 진딧물이 탈출한 후 벌레혹이 황색으로 변하여 미관상 좋지 않은 모습을 보여서 때죽납작진딧물 피해로 진단하였다.

때죽납작진딧물의 모습과 그 증상

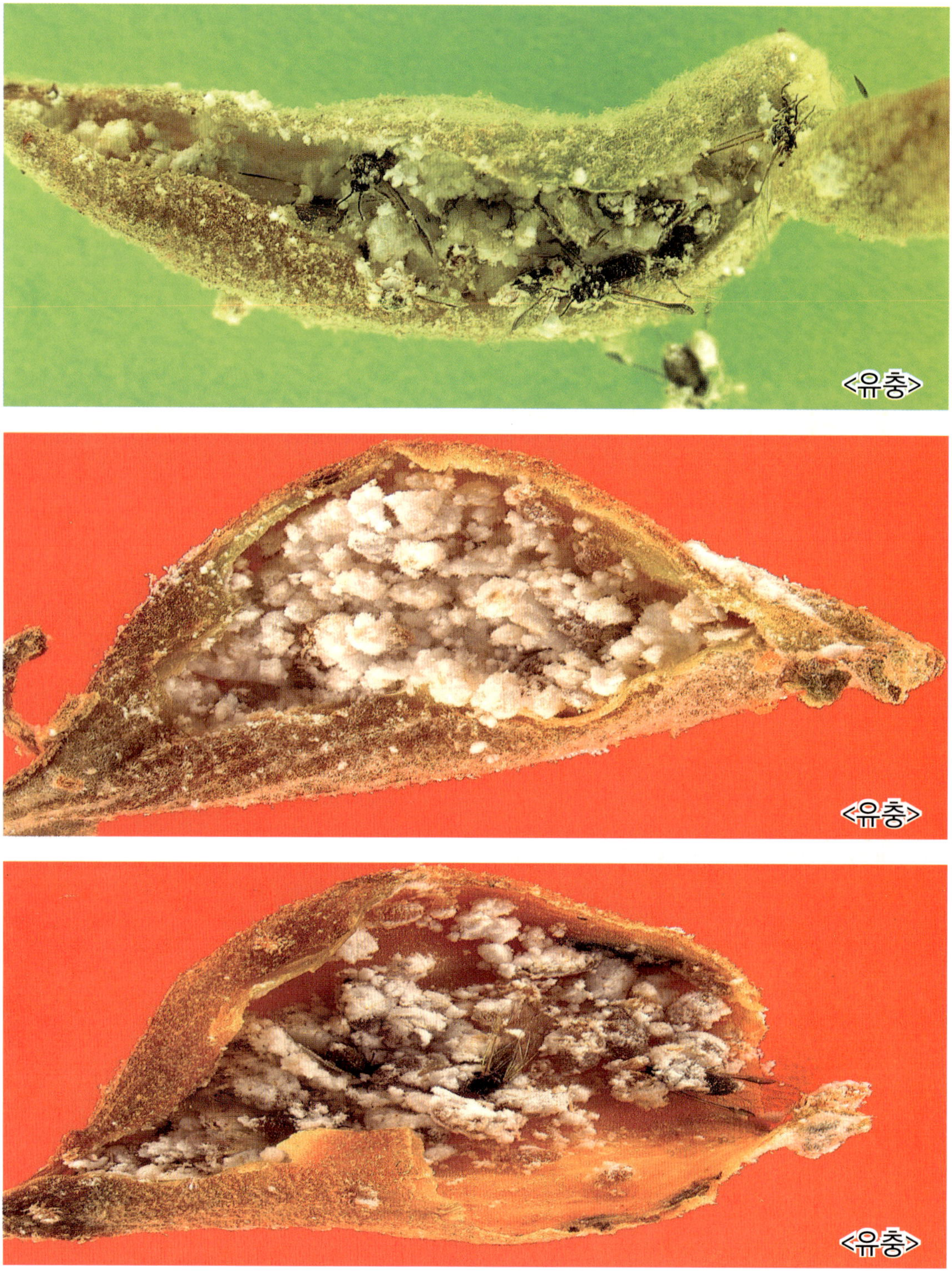

때죽납작진딧물의 모습과 그 증상

처방내용

물리적 방법 성충이 탈출하기 전에 벌레혹을 채취하여 소각 처리하도록 하였다.

화학적 방법 이미다클로프리드 수화제 2,000배액을 5월에 2~3회 살포하도록 하였다.

생물적방제 방법 벌레혹 속에 때죽납작진딧물의 천적인 홍가슴애기무당벌레(*Pseudoscymnus sylvaticus*) 유충이 활동하고 있어 이를 활용한 친환경적인 방제가 가능할 것으로 보인다.

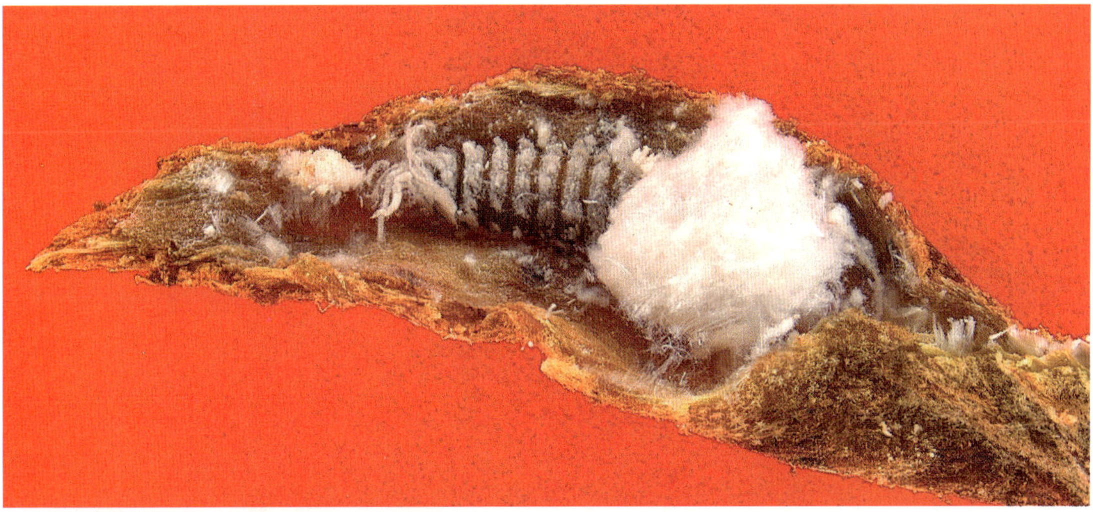

홍가슴애기 유충

때죽납작진딧물 방제를 통한 수세 회복 모습

뾰족생달나무이(*Trioza cinnamomi*)(가칭)

진단내용

성충과 약충이 잎 뒷면에서 흡즙을 할 때는 노란색 벌레혹들이 보이고 성충이 탈출하고 난 뒤에는 암갈색 벌레혹으로 변한다.

뾰족생달나무이 피해 모습

처방내용

물리적 방제 밀식됐을 때 피해가 심하니 햇빛 통풍이 잘 되도록 적당한 전정이 필요하다.

화학적 방제 발생했을 때 이미다클로프리드를 흉고직경 1 ㎝ 당 0.5 ㎖ 수간주사하거나 디노테퓨란 수화제 1,000배액을 7-10일 간격으로 2-3회 살포한다.

뾰족후박나무이(*Trioza machilicola*)(가칭)

대상기주 후박나무(*Machilus thumbergii*)
진단일자 2010년 7월 10일
장소 전남 순천지 순천대학교 운동장 주변

진단내용

성충과 약충이 잎 뒷면 기공을 통해 가해하여 녹병처럼 두툼한 융기가 잎 전체로 퍼져 있었다. 운동장 주변 물빠짐이 불량하여 후박나무가 해마다 병해충에 시달리고 있었다. 처음에는 후박나무탄저병으로 오인하였는데 잎을 따서 자세히 관찰해 보니 잎 앞면에 검은색 분생포자층이 보이지 않았다. 피해 부위 앞면은 약간 솟은 상태로 연노란색을 띠고 있으며, 뒷면은 흑갈색 탈출공이 보이고 아직 탈충 못한 연노란색 약충과 성충이 있어서 뾰족후박나무이(가칭)로 진단하였다.

뾰족후박나무이에 의한 피해

처방내용

물리적 방법 평소에 물이 잘 빠지지 않으므로 맹암거 처리하고, 토양을 개량 시켜 수세회복에 중점을 두도록 하였다. 통풍이 잘 되고 햇빛이 지제부까지 잘 통하도록 밀식된 나무나 가지를 전정하게 하였다(문과 이, 2014).

화학적 방법 피해 발생 시 아세타미프리드 수화제 2,000배액 또는 디노테퓨란메톡시페노자이드 액상수화제 1,000배액을 10일 간격으로 3회 이상 살포하도록 하였다(문과 이, 2014). 월동 중 휴면기 때 25말 500 ㎖에 월동유나 기계유제를 비중 눈금 4~5로 1회 살포하고, 피해가 심할 시 엽면살포 0.1%나 4종 복합비료를 살포하여 수세회복을 도모하도록 하였다.

<전>

<후>

뾰족후박나무이 방제를 통한 수세 회복 모습

솔잎혹파리(*Thecodiplosis japonensis*)

대상기주 소나무(*Pinus densiflora*)

진단일자 2015년 8월 3일

장소 순창군 적성면 도로변

진단내용

피해 받은 솔잎은 솔잎기부에 혹(충영)이 생기고, 정상 잎에 비해 생장이 8월초 기준으로 1/2~1/3 정도로 짧다. 연구실에서 솔잎기부를 해부해 보니 유충들이 황백색을 띠고 있어서 솔잎혹파리로 진단하였다.

솔잎혹파리에 의한 피해

처방내용

물리적 방법 피해가 약할 때는 피해 잎만 제거하여 낙엽과 함께 소각하거나 땅에 묻게 하였다. 7월 말쯤 피해 입은 잎들을 제거하고 0.1% 요소 엽면시비를 해주어 수세회복을 도모하도록 하였다.

화학적 방법 5~7월 말쯤까지 페니트로티온 유제 1,000배액을 2~3회 살포하고(강 등, 2008), 발생 초기에 수간 삽입용 캡슐살충제인 아시트를 흉고직경 3 ㎝ (나무둘레 10 ㎝)당 캡슐 1개를 수간 삽입하도록 하였다. 이 때, 캡슐길이가 3.2 ㎝ 정도 되기 때문에 주입공 깊이를 형성층 또는 목질부 속으로 3.5 ㎝ 뚫어 삽입하도록 하였다.

생물적방제 방법 기생성 천적인 솔잎혹파리먹좀벌, 혹파리살이먹좀벌, 혹파리등뿔먹좀벌, 혹파리반뿔먹좀벌 등을 이식하도록 하였다(신 등, 2008).

솔잎혹파리 방제를 통한 수세 회복 모습

수양버들잎혹벌(*Pontania* sp.)(가칭)

대상기주 버드나무류(*Salix* spp.)

진단일자 2015년 8월 3일

장소 전북 순창군 적성면 도로변

진단내용

잎의 혹으로 인해 수년째 엽육이 얇고, 잎자루가 구부정한 뒷면에 동그란 벌레혹이 형성되어 있었다. 잎을 따서 자세히 살펴보니 유충 몸 길이가 5 ㎜로 머리는 담갈색이고, 몸은 유백색이어서 수양버들잎혹벌로 진단하였다(문과 이, 2014).

수양버들잎혹벌에 의한 피해

처방내용

물리적 방법 벌레혹을 피해 입은 수목에서 제거하도록 하였다.

화학적 방법 낙엽이 지면 잎혹벌은 토양 속으로 이동해 고치를 형성하기 때문에 이듬해 초봄에 토양살충제를 뿌리도록 하였다. 매년 피해가 발생하는 지역은 4~5월에 에토펜프록스 수화제 1,000배액 또는 페니트로티온 유제 1,000배액을 10일 간격으로 2~3회 살포하도록 하였다.

수양버들잎혹벌 방제를 통한 수세 회복 모습

수양버들혹파리(*Dasineura rigidae*)

대상기주 수양버들(*Salix babylonica*)
진단일자 2015년 8월 3일
장소 전북 순창군 적성면 소재지

진단내용

가지 속에 기생하는 유충은 두꺼운 목질부 벌레혹 속에서 기생한다. 해당 수목은 벌레혹이 많이 생겨 수목의 성장이 더디고 갈색의 잎들이 많이 발생되었다. 혹을 분리하여 보니 유충이 5 ㎜ 크기로 분홍색을 띠고 있어서 수양버들혹파리로 진단하였다.

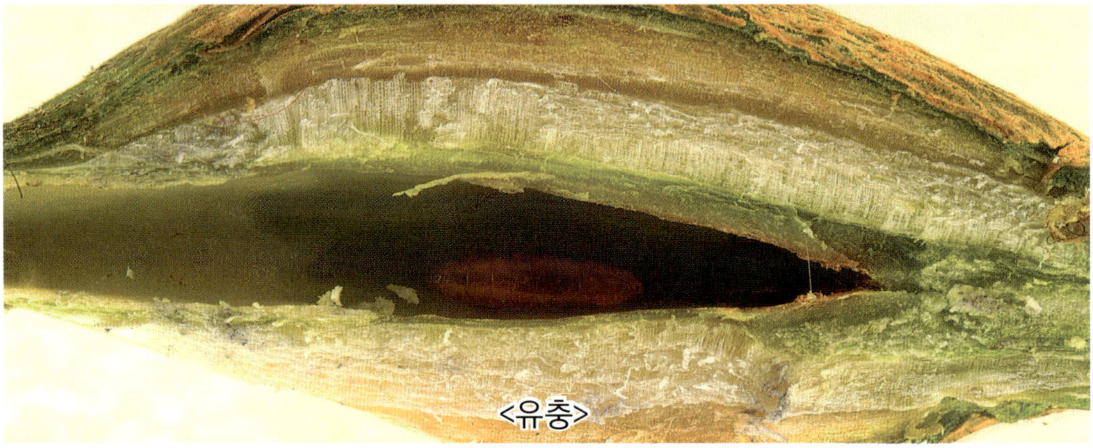

수양버들혹파리에 의한 피해

처방내용

물리적 방법 피해가 심한 버드나무의 벌레혹을 제거하도록 하였다.

생물적방제 방법 수양버들혹파리의 천적인 박새를 활용하도록 하였다(신 등, 2008).

수양버들혹파리 방제를 통한 수세 회복 모습

흡즙성 충해

갈색날개매미충
꽃매미
루비깍지벌레
미국선녀벌레
배롱나무주머니깍지벌레
버즘나무방패벌레
소나무가루깍지벌레
소나무왕진딧물
솔껍질깍지벌레
진달래방패벌레
팽나무알락진딧물
팽나무혹응애
화살나무노랑배허리노린재

흡즙성 충해

갈색날개매미충(*Pochazia shantungensis* (Chou et Lu))

대상기주 때죽나무(*Styrax japonica*)
진단일자 2015년 8월 3일
장소 광주광역시 동구 운림동 무등산 동적골

진단내용

최근 중국에서 침입한 것으로 여겨지는 갈색날개매미충은 기주 범위가 광범위해서 때죽나무, 오동나무, 단풍나무, 음나무, 버드나무 등이 기주 식물이다. 약충 때부터 밀납물질이 흰색인데 3, 4령은 흰색과 노란색이고, 성충은 짙은 암갈색에 양쪽 날개에 흰반점이 있는 것이 특징이다. 해당 수목은 약충과 성충이 잎과 줄기에 양분과 수분을 흡즙해서 생육이 불량하고, 흡즙에 의한 수액과 분비물에 의해 그을음병이 유발하여 탄소동화작용을 원활히 하지 못하고 있었다.

갈색날개매미충에 의한 피해

갈색날개매미충에 의한 피해

처방내용

물리적 방법 피해기주가 많지 않을 때는 끈끈이 롤트랩을 설치하도록 하였다.

화학적 방법 이미다클로프리드(수간주사용 광범위 살충제) 분산성액제를 흉고직경 8 ㎝당 1개씩 어린 약충기 때 5월쯤 수간주사하도록 하였다.

친환경방제 방법 박멸플러스 500 ㎖/25말(원료: 고삼, 백부근, 개박하, 멀구슬)을 살포하도록 하였다.

생물적방제 방법 천적인 풀잠자리와 거미를 활용하도록 하였다(신 등, 2008).

갈색날개매미충 방제를 통한 수세 회복 모습

꽃매미(*Lycorma delicatula* (White))

대상기주 가중나무(*Ailanthus altissima*)

진단일자 2015년 7월 10일

장소 광주광역시 동구 무등산 동적골

진단내용

가중나무, 참중나무, 포도, 머루나무 등에 성충과 약충이 피해를 주고, 분비물과 흡즙에 의한 수액 등으로 그을음병이 발생되어 수피와 그 주위 토양도 오염되었다. 성충은 날개가 40 ㎜ 정도로 연한 연지색을 띠면서 검은 둥근 점이 있다. 약충은 짙은 남색에 흰 점이 등 중심을 향하여 대칭으로 배열되어 있으며, 4령 이후에는 주황색에 흰 점이 등 중심으로 배열된다. 피해는 5월부터 7월까지 약충에서 성충이 될 때까지 계속된다.

꽃매미에 의한 피해

꽃매미에 의한 피해

처방내용

물리적 방법 식용이 가능한 머루, 포도는 끈끈이 트랩을 이용하여 피해를 최소로 하고, 알로 월동하기 때문에 수피, 낙엽을 태우거나 땅속에 묻도록 하였다.

화학적 방법 이미다클로프리드(수간주사용 광범위 살충제) 분산성 액제를 어린 약충기 때인 5월쯤 포도나무, 머루를 제외한 나머지 조경수들에 흉고직경 8 ㎝당 1개씩 수간주사하도록 하였다. 식용이 가능한 포도나무, 머루는 다발생기 때 클로티아니딘 액상수화제 2,000배액을 10일 간격 3회 살포하도록 하였다.

친환경방제 방법 박멸플러스 500 ㎖/25말(원료: 고삼, 백부근, 개박하, 멀구슬)을 살포하도록 하였다.

생물적방제 방법 천적인 꽃매미벼룩좀벌이 유효한 것으로 알려져 있다(신 등, 2008).

꽃매미 방제를 통한 수세 회복 모습

루비깍지벌레(*Ceroplastes rubens*)

대상기주 동백나무(*Camellia japonica*)

진단일자 2009년 9월 8일

장소 전남 순천시 순천대학교 운동장 주위

진단내용

성충과 약충이 함께 피해를 주고 감로로 인한 그을음병이 발생하였다. 루비깍지벌레는 붉은색을 띠고 성충은 깍지가 있으며, 약충은 뒷면이 납작하거나 약간 함몰되어 있다. 순천대학교 운동장에 루비깍지벌레와 뿔밀깍지벌레가 대발생하여 그을음병이 생겼고, 이로 인해 지나가는 학생이나 주민들에게 미관상 큰 피해를 끼칠 수 있었다.

루비깍지벌레에 의한 피해

루비깍지벌레에 의한 피해

처방내용

물리적 방법 채광과 통풍이 잘 되도록 가지를 전지하거나 전정하며, 피해목의 하층이 잔디로 덮여 있어 양분과 수분에 대한 경합으로 스트레스를 받고 있기 때문에 근원직경의 최소 8배 범위의 잔디를 제거하도록 하였다. 그을음병으로 인해 탄소동화작용을 원활히 하지 못했기 때문에 요소 엽면시비나 생리증진제를 토양관주하도록 하였다.

화학적 방법 방제는 약충 시기일 때 집중적으로 약을 살포해야 한다. 페니트로티온 유제 1,000배액 또는 클로티아니딘 입상수용액 2,000배액을 7~10일 간격으로 3~4회 살포하고, 월동 중인 휴면기 때 25말 500 ℓ에 월동유 2 ℓ를 혼합하여 살포하도록 하였다.

친환경방제 방법 박멸플러스 500 ㎖/25말(원료: 고삼, 백부근, 개박하, 멀구슬)을 살포하도록 하였다.

루비깍지벌레 방제를 통한 수세 회복 모습

미국선녀벌레(*Metcalfa pruinosa*)

진단내용

약충 때는 백색을 띠지만 성충이 되면 눈은 노랑, 날개는 암군청색이 되며, 횡으로 무늬결이 생기는 특색을 보인다. 약충과 성충이 가지와 잎에 무수히 기생하면서 수액을 빨아 먹기 때문에 가지가 피해를 입거나 심지어 죽기까지 한다. 부생성 그을음병이 발생하거나 왁스 물질을 분비하기 때문에 가지나 잎들이 지저분해진다.

미국선녀벌레 피해 모습

처방내용

화학적 방법 5월초에 아세타미프리드 수화제 2,000배액을 10일 간격으로 2-3회 살포하거나 이미다클로프리드를 흉고직경 1 ㎝ 당 0.5 ㎖ 수간주사한다.

배롱나무주머니깍지벌레(*Eriococcus lagerstroemiae*)

진단내용

약충이나 성충이 가지, 줄기, 잎들의 수액을 흡즙하기 때문에 수세가 약해지고 감로로 인한 부생성 그을음병이 발생되어 동화작용에 막대한 지장을 주고 있어 피해가 심한 가지는 말라 죽기도 한다.

배롱나무주머니깍지벌레 피해 모습

처방내용

화학적 방법 6월 초중순과 8월 중하순(부화약충 때)에 방제를 해야 한다. 성충이 되면 흰색 주머니가 몸을 싸고 있기 때문에 방제가 힘들다. 따라서 부화약충 때 뷰프로페진・클로티아니딘 액상수화제 2,000배액을 3회 살포한다.

버즘나무방패벌레(*Corythucha ciliata*)

대상기주 버즘나무(*Platanus orientalis Linnaeus*)
진단일자 2013년 8월 20일
장소 전북 순창군 적성면 우계마을

진단내용

해당 수목은 매년 봄부터 가을까지 엽록소 용탈을 겪고 있었다. 잎이 회백색으로 탈색되어 있었고, 잎 뒷면에서는 탈피각, 배설물, 흑갈색의 약충, 방패 모양의 날개를 가진 반투명의 유백색 성충까지 발견되어 버즘나무방패벌레로 진단하였다.

버즘나무방패벌레에 의한 피해

버즘나무방패벌레에 의한 피해

처방내용

물리적 방법 피해가 적을 때 잎을 따주고 고사지와 쇠약지를 제거하도록 하였다.

화학적 방법 페니트로티온 유제 1000배 희석액을 5월 중순~8월까지 2~3회 살포하도록 하였다.

친환경방제 방법 5월경 이미다클로프리드 Admire DC를 수간주사하도록 하였다.

버즘나무방패벌레 방제를 통한 수세 회복 모습

소나무가루깍지벌레(*Crisicoccus pini*)

대상기주 소나무(*Pinus densiflora*)

진단일자 2010년 9월 2일

장소 전북 순창군 인계면사무소

진단내용

성충과 약충이 수액을 빨아먹어 수목의 성장이 더디고, 부생성 그을음병이 생긴 상태였다. 암컷 성충은 긴 타원형으로 크기 2.5 ~4.5 ㎜ 정도에 적색(약충은 주황색)이다. 소나무 수관 하부에 철쭉류, 잔디, 맥문동이 빽빽하게 식재되어 있어 양분과 수분에 대한 경합으로 스트레스를 받은 소나무가 먼저 피해를 받고, 결국 쇠약해진 소나무에 가루깍지벌레가 대량 발생한 것으로 진단하였다.

소나무가루깍지벌레에 의한 피해

소나무가루깍지벌레에 의한 피해

처방내용

물리적 방법 채광과 통풍이 잘 되게 가지를 정리해 주도록 하였다. 낙엽은 전부 태우거나 땅에 묻고, 소나무 생육 공간 확보를 위해 근원직경 8배 안에 있는 철쭉, 맥문동을 제거하였다.

화학적 방법 성충은 하얀 밀랍으로 덮여 있어 방제가 힘들기 때문에 가장 많이 산란하는 5~6월 산란 직후 주황색의 부화 약충 때 집중적으로 방제해야 한다. 페니트로티온 유제 1,000배액 또는 클로티아니딘 입상수용제 2,000배액을 7~10일 간격으로 3~4회 살포하도록 하였다. 월동 중인 휴면기 때 25말 500 ℓ에 월동유 2 ℓ, 황나노 2 ℓ를 혼합하여 살포하도록 하였다.

친환경방제 방법 박멸플러스 500 ㎖/25말(원료: 고삼, 백부근, 개박하, 멀구슬)을 살포하도록 하였다.

소나무가루깍지벌레 방제를 통한 수세 회복 모습

소나무왕진딧물(*Conara pinidensiflorae*)

진단내용

왕진딧물 피해를 받으면 잎이 적어지고 수세가 약해진다. 진딧물의 감로로 인하여 그을음병이 발생한다.

소나무왕진딧물 피해 모습

처방내용

화학적 방법 5월 중순-6월 중순까지 아세타미프리드 수화제 2,000배액을 10일 간격으로 3회 살포하거나 이미다클로프리드를 흉고직경 1 ㎝ 당 0.5 ㎖ 수간주사한다.

솔껍질깍지벌레(*Matsucoccus thumber gianae Miller et park*)

대상기주 소나무(*Pinus densiflora*)

진단일자 2016년 8월 20일

장소 전남 순창군 동계면

진단내용

하부 가지부터 시작하여 상층부로 잎들이 적갈색을 띠며 고사(4-5월에 가장 피해가 심함)한다. 암컷은 3-4 mm 크기로 타원형에 노란끼가 있는 적색이고 수컷은 1.4-1.8 mm 크기에 날개가 있다. 4-5월에 산란하고 약 5-6월에 약충이 부화하며, 11월이 되면 후약충이 나타나서 수액을 빨아 수목에 피해를 준다.

솔껍질깍지벌레에 의한 피해

처방내용

물리적 방법 3-4월 중순에 부화한 약충을 물리적으로 제거

화학적 방법 4월 중순-5월 하순에 페티트로티온 유제 1,000배액을 7~10일 간격으로 2-3회 살포, 12월 중순-2월말 사이에 에바멕틴벤조에이트 유제<로멕틴, 태사자>를 수간 주사

진달래방패벌레(*Stephanitis pyrioides*)

대상기주 철쭉(*Rhododendron schlippenbachii*)
진단일자 2015년 8월 1일
장소 광주광역시 동구 운림동 동산마을

진단내용

진달래방패벌레는 철쭉, 진달래, 산철쭉, 연상홍에게 피해를 준다. 성충과 약충이 한꺼번에 잎 뒷면을 가해해 앞면이 하얗게 변색되고, 뒷면은 탈피각이나 분비물이 지저분하게 붙게 된다. 성충의 몸길이는 3~4 ㎜ 정도이고, 흑갈색으로 된 몸에 방패모양의 투명한 양 날개가 타원형으로 붙어 있었다. 또한 X자 모양의 검은 띠가 날개 사이로 비춰 보여서 전형적인 진달래방패벌레로 진단하였다.

진달래방패벌레에 의한 피해

처방내용

물리적 방법 초봄에 지피물, 낙엽을 모아 태우거나 땅 속 깊이 묻도록 하였다.

화학적 방법 초기에 페니트로티온 유제 1,000배액 혹은 다이아지논 입제를 7~10일 간격으로 3~4회 살포하거나 뿌려 주도록 하였다.

생물적방제 방법 천적인 무당벌레, 풀잠자리, 거미 등을 활용하도록 하였다.

진달래방패벌레 방제를 통한 수세 회복 모습

팽나무알락진딧물(*Shivaphis celti*)

대상기주 팽나무(*Celtis sinensis*)
진단일자 2011년 9월 4일
장소 광주광역시 동구 무등산 동적골

진단내용

팽나무알락진딧물은 풍게나무, 팽나무에 피해를 준다. 잎 뒷면에 연분홍에서 갈색의 무늬가 잎맥마다 점차 번지며, 2차적으로 가지에서 그을음병이 발생하였다. 4월이 되면 유충이 발생되기 때문에 즉시 방제작업을 해야 한다. 며칠 지나면 유시충과 무시충 모두 충태에 하얀 밀랍물질을 몸에 덮어 버린다. 또한 유시충은 벼룩처럼 뛸 수 있어 방제의 어려움이 있다. 약충을 동정해보니 하얀 색 털이 나 있고 머리와 가슴이 연분홍 색을 띠고 있어서 팽나무알락진딧물로 진단하였다.

<잎 앞면>

팽나무알락진딧물에 의한 피해

처방내용

물리적 방법 발생 전에 고사지 및 쇠약지를 전정 해주어 통풍과 채광이 잘 되게 하고, 피해 잎과 낙엽은 태우거나 땅에 묻도록 하였다.

화학적 방법 4월 하순부터 아세타미프리드 수화제 2,000배액 또는 디노테퓨란 수화제 1,000배액을 10일 간격으로 2~3회 살포하도록 하였다(문과 이, 2014). 월동 중인 휴면기 때 월동유나 기계유제를 2~3회 정도 11월 중순부터 3월까지 살포하도록 했다.(단, 매실은 12월말까지 감은 2월까지 월동유나 기계유제 월동예방이 끝나야 한다.)

친환경방제 방법 박멸플러스 500 ㎖/25말(원료: 고삼, 백부근, 개박하, 멀구슬)을 살포하도록 하였다.

팽나무알락진딧물 방제를 통한 수세 회복 모습

팽나무혹응애 방제를 통한 수세 회복 모습

팽나무혹응애(*Aceria celtis*) (가칭)

대상기주 팽나무(*Celtis sinensis*)

진단일자 2015년 8월 2일

장소 광주광역시 동구 운림동 무등산 동적골

진단내용

팽나무 잎에 3~5 ㎜ 정도의 녹색 혹이 다량 발생하여 혹을 분해해보니 연녹색의 약충이 여러 마리 발견되었다. '나무병해충도감'과 대조해본 결과 증상이 일치하는 팽나무혹응애로 진단하였다(문과 이, 2014).

팽나무혹응애에 의한 피해

처방내용

물리적 방법 피해가 심하지 않을 때는 피해 잎을 직접 제거하도록 했다.

화학적 방법 초기에 스피로메시펜 액상수화제를 2,000배액으로 10일 간격으로 2~3회 살포하도록 했고, 월동 중인 휴면기 때는 병든 낙엽을 태우거나 땅에 깊이 묻도록 하였다.

친환경방제 방법 박멸플러스 500 ㎖/25 말(원료: 고삼, 백부근, 개박하, 멀구슬)을 살포하도록 하였다.

화살나무노랑배허리노린재(*Plinachtus bicoloripes*)

진단내용

약충이나 성충이 잎들의 수액을 흡즙하기 때문에 수세가 약해지고 감로로 인한 부생성 그을음병이 발생되어 막대한 피해를 입힌다. 성충의 크기는 13-18 ㎜이고 출현 시기는 4-12월까지 피해를 준다. 성충의 몸은 흑갈색이고 배 부분이 황색을 띤다. 주로 화살나무와 노린재나무에 피해를 준다.

화살나무노랑배허리노린재 피해 모습

처방내용

화학적 방법 4월 초순에 부화 약충이 나오는데 4월 초순과 11월 하순까지 방제를 한다. 디노테퓨란 수화제 1,000배액을 사용하거나 디노테퓨란 입상수화제 2,000배액을 10일 간격으로 2-3회 살포한다.

병해(전염성 병)의
진단 및 처방

낙엽활엽수

감나무 둥근무늬낙엽병
느티나무 갈색무늬병
느티나무 흰별무늬병
두릅나무 줄기마름병
모과나무 붉은별무늬병
배나무 붉은별무늬병
배롱나무 흰가루병
버드나무 잎녹병
산수유 두창병
산수유 점무늬병
음나무 점무늬병
이태리포플러 - 토끼털송편버섯
중국단풍나무 흰가루병
팥배나무 붉은별무늬병

낙엽활엽수

감나무 둥근무늬낙엽병(*Mycosphaerella nawae*)

진단내용

가을이 되고 건조한 날씨가 계속 되면 잎에 둥근무늬 낙엽병이 발생한다. 병반 내부는 옅은 갈색, 병반 테두리는 짙은 녹색을 띠고, 중심은 회백색이 되면서 흑색 소립점(자낭각)이 생긴다. 고욤나무에서 주로 발생한 모무늬 낙엽병은 처음에는 병반이 원형으로 진행되다가 다각형으로 바뀐다. 병반 뒷면에 회색의 균사체가 발생하고 분생포자로 월동한다.

감나무 둥근무늬낙엽병 피해 모습

처방내용

화학적 방법 5월 중순-6월 중순까지 비터타놀 수화제 2,000배액 또는 사이프로코나졸 액제 3,300배액을 10일 간격으로 3회 이상 살포한다.

느티나무 갈색무늬병(褐斑病, *Brown leaf spot*)

대상기주 느티나무(*Zelkowa serrata*)

병원균 *Pseudocercospora zelkowae*

진단일자 2004년 8월 10일

장소 순창군 인계면 도사마을

진단내용

초여름부터 발생하여 가을까지 피해를 주는데 특히, 늦여름이 되면 부정형의 병반들이 합쳐지기도 하고, 병반 주위의 건전부와 황색으로 경계를 이루기도 한다. 갈색무늬병에 걸리면 짙은 갈색으로 낙엽 지면서 경관을 해치게 된다. 피해 수목의 잎 앞면에 있는 불규칙한 모양의 병반을 자세히 관찰한 바 짙은 올리브 색의 가는 솜털 같은 것(분생포자좌)이 많이 나타나 있었다. 잎병반에 형성된 분생포자좌를 현미경으로 검경한 바 *Pseudocercospora zelkowae*의 특징과 일치하였으므로 느티나무 갈색무늬병으로 진단하였다.

느티나무 갈색무늬병 병징

처방내용

물리적 방법 갈색무늬병 상습 재발 지역은 월동 중 휴면기인 12~1월 사이에 황나노 250배액을 살포하고, 병든 잎은 모아서 태우거나 땅 속 깊이 묻도록 하였다.

화학적 방법 6월 상순부터 9월 상순까지 옥신코퍼 수화제 500배액을 10일 간격으로 3~4회 살포하거나 클로로탈로닐·디페노코나졸 액상수화제 1,000배액을 10일 간격으로 3~4회 살포하도록 하였다.

느티나무 갈색무늬병 방제를 통한 수세 회복 모습

느티나무 흰별무늬병(*Septoria abeliceae*)

진단내용

초기 때 작은 갈색 점이 나타나고 점점 진행되면 다각형의 흑갈색 병반이 둘러싸고 중앙에 회백색의 병반이 생긴다. 중앙의 회백색 병반에는 작은 점(분생포자각)이 생긴다.

느티나무 흰별무늬병 피해 모습

처방내용

물리적 방법 갈색무늬병이 상습적으로 재발하는 지역은 월동중 휴면기인 12-1월 사이에 황나노 250배액을 살포하고, 병든 잎은 모아서 태우거나 땅속 깊이 묻도록 한다.

화학적 방법 6월 상순-9월 상순까지 옥신코퍼 수화제 500배액 또는 클로로탈로닐 디페노코나졸 액상수화제 1,000배액을 10일 간격으로 3-4회 살포하도록 한다.

두릅나무 줄기마름병(胴枯病, *Die-back*)

대상기주 두릅나무(*Aralia elata*)
병원균 *Phomopsis* sp.
진단일자 2014년 7월 25일
장소 순창군 인계면 도사마을

진단내용

두릅나무는 식용수종으로 농가에서 재배할 때 새순을 자주 꺾게 되어 여러 가지 피해를 입는 경우가 발생한다. 줄기에서 부슬부슬한 흑색 궤양과 잎에서 흑갈색의 작은 반점들이 발견되었고 병든 부분에서 병원균을 분리하고 감자한천배지에 배양하여 병원균을 배양한 바 흰색 균사가 자랐으며(B), 균총 위에 형성된 노란색의 분생포자덩어리들을 현미경으로 검경한 바 좁쌀모양의 크기 5.4-8.0(5.9)×1.6-2.3(2.0) ㎛되는 소형분생포자(C)들이 다수 관찰되어 *Phomopsis* sp.의 특징과 일치하여 두릅나무 줄기마름병으로 진단하였다.

두릅나무 줄기마름병의 병징 (A), 병원균의 균총 (B) 및 분생포자 (C)

처방내용

물리적 방법 병징이 나타난 줄기나 가지를 제거하여 소각하고, 잎들은 모아서 소각하거나 땅 속에 묻도록 하였다.

화학적 방법 티오파네이트메틸 수화제 1,000배액을 3~4회 살포하거나 비터타놀 수화제 2,500배액을 3회 살포하도록 하였다. 월동 중 휴면기 때 황나노 2 ℓ를 물 500 ℓ와 혼합하여 기주식물에 골고루 살포하거나 석회유황합제를 비중눈금 4~5로 살포하도록 하였다(한, 2010).

두릅나무 줄기마름병 방제를 통한 수세 회복 모습

모과나무 붉은별무늬병(赤星病, *Cedar apple rust*)

대상기주 모과나무(*Chaenomeles sinensis*)

병원균 *Gymmosporangium asiaticum*

진단일자 2013년 7월 4일

장소 광주광역시 동구 운림동 동산마을

진단내용

피해 수목은 잎과 줄기에 많은 적갈색 병반들이 나타나서 동화작용이 방해를 받아 열매가 충실히 열리지 못하고 있었다. 기주교대를 하는 이종기생성병으로 5월 초에 등황색 병반 위에 흑갈색 점 모양의 녹병정자기를 형성한다. 5~6월이 되면 잎 뒷면에 녹포자기가 생기고 좀 더 성숙하면 녹포자가 터진다. 증상이 심해지면 보기에도 지저분하고 조기낙엽 된다. 잎병반에 형성된 녹포자기를 현미경으로 검경한 바 녹포자가 관찰되었으며, 해당 녹포자가 *Gymmosporangium asiaticum*의 특징과 일치하였으므로 모과나무 붉은별무늬병으로 진단하였다.

<잎 앞면>

<잎 뒷면>

모과나무 붉은별무늬병 병징

처방내용

물리적 방법 떨어진 병든 잎들을 수거하여 소각하고, 통풍과 채광이 잘 되게 관리하도록 하였다.

화학적 방법 4~5월경에 트리아디메폰 수화제 800배액을 7~10일 간격으로 3~4회 살포하도록 하였다.

모과나무 붉은별무늬병 방제를 통한 수세 회복 모습

배나무 붉은별무늬병(赤星病, *Cedar apple rust*)

대상기주 배나무(*Pyrus serotina*)

병원균 *Gymmosporangium asiaticum*

진단일자 2009년 5월 20일

장소 광주광역시 동구 운림동 동산마을

진단내용

약 10일의 잠복기를 거쳐서 등황색의 반점이 생기고 배나무 잎병반에 형성된 녹포자기를 현미경으로 검경한 바 녹포자가 관찰되었으며, 해당 녹포자의 크기는 19.8-24.9(22.2)×16.6-22.4(19.1) ㎛로 *Gymmosporangium asiaticum*의 특징과 일치하였으므로 배나무 붉은별무늬병으로 진단하였다(최 등, 2005). 6~7월에 주로 잎 뒷면에 녹포자기를 형성한다. 붉은별무늬병은 중간기주인 향나무와 기주교대를 한다.

배나무 붉은별무늬병의 병징 (A), 병원균의 녹포자 (B)

처방내용

물리적 방법 떨어진 병든 잎을 수거하여 소각하고, 통풍과 채광이 잘 되도록 관리하게 하였다.

화학적 방법 4~5월경에 트리아디메폰 수화제 800배액을 7~10일 간격으로 3~4회 살포하도록 하였다(한, 2010).

배나무 붉은별무늬병 방제를 통한 수세 회복 모습

배롱나무 흰가루병(白粉病, *Powedery midew*)

대상기주 배롱나무 (*Lagerstroemia indica*)
병원균 *Uncinuliella australiana*
진단일자 2010년 6월 20일
장소 전북 순창군 순창읍

진단내용

도로변 배롱나무가 하얀 가루를 뿌려 놓은 것 같은 병반(분생포자)을 보이고, 꽃이 피지 못한 상태로 새잎들이 시들거나 회백색으로 변해 있었고, 배롱나무 잎표면에 형성된 병원균을 현미경으로 검경한 바 분생포자경과 분생포자가 관찰되었으며 분생포자는 13.7-16.2(15.6)×7.0-7.3(7.3) ㎛의 크기로 *Uncinuliella australiana*의 특징과 일치하였으므로 흰가루병으로 동정하였다. 흰가루병에 걸리면 잎, 꽃, 화병 등의 생장이 멈추며, 미관상 지저분하고 조기낙엽이 된다.

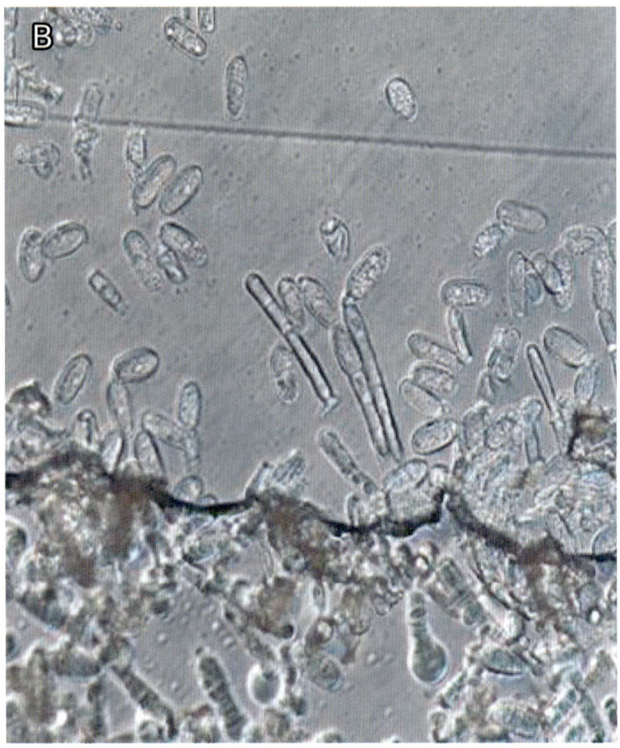

배롱나무 흰가루병 병징 (A), 병원균의 분생포자경 및 분생포자 (B)

처방내용

물리적 방법 병세가 심하지 않을 때는 고지가위로 병환부를 제거해주고, 휴면기 때는 열매와 낙엽을 소각하거나 땅에 묻도록 하였다.

화학적 방법 5~6월에 트리아디메폰 수화제 2,000배액을 2~3주 간격으로 3~5회 살포하고, 월동 중 휴면기 때는 12월부터 다음 해 1월까지 황나노 250배액을 살포하도록 하였다.

친환경방제 방법 도자비 250배(원료: 피마자 추출물) 살균제를 살포하도록 하였다.

배롱나무 흰가루병 방제를 통한 수세 회복 모습

버드나무 잎녹병(葉銹病, *Leaf rust*)

대상기주 버드나무(*Salix koreensis*)

병원균 *Melampsora* sp.

진단일자 2015년 8월 20일

장소 전북 순창군 적성면사무소

진단내용

노엽보다 주로 새순에 황색의 반점들이 퍼져 있어서 현미경으로 검경한 바 여름포자들이 다수 관찰되었고(B), 여름포자의 크기는189-22.6(21.2)×12.3-14.0(13.3)㎛였으며, 가을이 되면 짙은 갈색의 겨울포자퇴를 형성하는 특징이 *Melampsora* sp.과 일치하여 잎녹병으로 진단하였다.

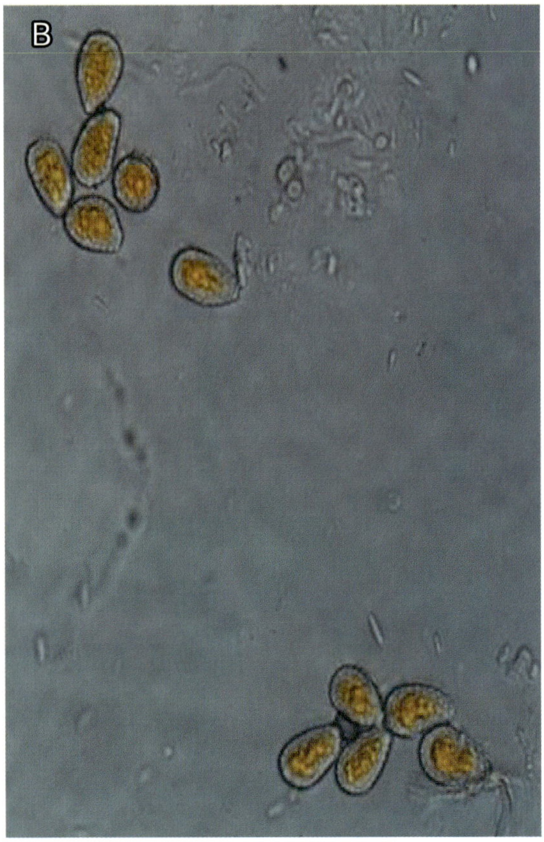

버드나무 잎녹병의 병징 (A), 병원균의 겨울포자 (B)

처방내용

물리적 방법 피해가 적을 때는 피해 잎을 제거하여 소각하도록 하였다.

화학적 방법 피해 발생시 트리아디메폰수화제 800배액을 2주 간격으로 3~4회 살포하고(한, 2010), 발병 전에는 테부코나졸 원액을 흉고둘레 16 ㎝당 0.3 ㎖씩 수간 주사하도록 하였다.

버드나무 잎녹병 방제를 통한 수세 회복 모습

산수유 두창병(*Elsinoe corni*)

진단내용

올해 생긴 새순에 원형으로 1-2 ㎜ 정도 크기의 암적색 병반이 나타나며, 중앙은 백색으로 변하고 나중에는 부서져서 구멍이 생긴다. 엽육에 주로 많이 나타나고 심하면 잎이 오그라든다.

산수유 두창병 피해 모습

처방내용

물리적 방법 초기에 피해 잎을 모아서 태우거나 땅속 깊이 묻는다.

화학적 방법 초기에 프로피네브 수화제 500배액 또는 이미녹타딘트리스알베실레이트 수화제 1,000배액을 7-10일 간격으로 3회 이상 살포한다.

산수유 점무늬병(*Psedocercospora cornicola*)

진단내용

늦봄에 주맥과 측백 사이, 측맥과 측맥사이의 엽육 조직에 다각형의 암갈색 병반이 발생되는데 솜털 같은 회색의 작은 점이 분생포자좌이다.

산수유 점무늬병 피해 모습

처방내용

화학적 방법 발생 초기에 폴리옥신디 수화제 1,000배액 또는 아족시트로빈 수화제 1,000배액을 2주 간격으로 3회 이상 살포한다.

음나무 점무늬병(斑點病, *Alternaria blight*)

대상기주 음나무(*Kalopanax pictus*)

병원균 *Alternaria panax*

진단일자 2013년 8월 4일

장소 전북 순창군 금과면 도로변

진단내용

해당 수목은 진단 3년 전부터 봄 개엽기 때마다 병반이 심해지면서 조기 낙엽이 되었다. 피해 수목에서 흑색의 자실체가 관찰되고, 잎이 뒤틀리는 증상이 있고 분리된 병원균의 분생포자는 가로격벽 3~4개와 세로격벽 1개를 형성하였.고 크기는 15.5-31.5(20.9)×7.2-9.3(8.5) ㎛로 *Alternaria panax*의 특징과 일치하여 음나무 점무늬병으로 진단하였다. 점무늬병에 걸리면 잎에 갈색 반점이 생기는 것을 시작으로, 잎 가장자리부터 다각형 흑반들이 퍼지면서 조기낙엽 되어 가지만 남게 된다. 분리된 병원균의 분생포자는 가로격벽 3~4개와 세로격벽 1개를 형성하였다. 크기는 15.5-31.5(20.9)×7.2-9.3 (8.5) ㎛ 이었고, 음나무 점무늬병으로 진단하였다.

음나무 점무늬병 병징 (A), 병원균의 균총 (B) 및 분생포자 (C)

처방내용

물리적 방법 병에 걸린 잎들을 모아 소각하거나 땅 속에 묻게 하였다.

화학적 방법 발병 초기에 이미녹타딘트리스알베실레이트 수화제 1,000배액을 10일 간격으로 2~3회 살포하도록 하였다(한, 2010). 월동 중 휴면기 때 황나노 2 ℓ를 물 500ℓ와 혼합하여 기주식물에 골고루 살포하거나 석회유황합제를 비중눈금 4~5로 살포하도록 하였다.

음나무 점무늬병 방제를 통한 수세 회복 모습

이태리포플러 - 토끼털송편버섯(토끼털호떡버섯)(*Trametes trogii* Berk.)

대상기주 이태리포플러(*Populus euramericana*)
진단일자 2015년 7월 2일
장소 전남 순천시 순천만 정원

진단내용

해당 수목 바로 옆에 쉽터가 조성되어 많은 사람이 왕래하게 되었고, 이로 인해 수간 지제부 답압 피해가 발생하여 수피와 뿌리의 호흡 곤란을 초래하였다. 또한 피해 수목의 공동 주위에 버섯(재질 부후균의 자실체)이 덩어리째 붙어서 번지고 있었는데, 육질이 얇은 가죽질에 윗면의 색상이 흰색, 연노랑, 연갈색이었다. 포플러 목질부를 깎아본 바 백색 부후가 나타나 있었으며, 자실체는 토끼털송편버섯(토끼털호떡버섯)과 일치하였다(최, 2015).

이태리포플러 - 토끼털송편버섯 병징

처방내용

물리적 방법 피해 수목에 외과수술을 실행하여야 하는데, 노거수나 보호수는 오랜 세월 축적된 기상적, 인위적, 물리적 피해로 인해 수간부나 가지의 일부가 고사되어 쇠약해진 경우가 많다. 더욱이 공동은 부후균에 의한 피해로 부패가 확산되기 쉽기 때문에 외과수술로 부후균 포자를 처리하도록 하였다. 뿌리수술은 월동 중 휴면기 때 실행하고, 지상부 외과수술은 유합조직 형성 기간인 하절기 때 실행하도록 하였다.

화학적 방법 영양제 수간주사와 엽면시비를 실시하도록 하였다.

뿌리의 외과수술 먼저, 흙 제거를 하는데 많은 세균이 토양 중에 존재하기 때문에 인력으로 아주 세밀하게 작업해야 한다. 다음으로, 뿌리 절단을 하는데 고사된 뿌리는 살아 있는 조직에서 제거해야 되고, 절단된 부분에는 도포제를 반드시 발라 주어야 한다. 세 번째로, 토양 소독을 실시하는데 토양살충제는 아세타미프리드 입제를 사용하고, 토양 살균제는 클로로탈로닐, 마이클로뷰타닐 수화제 등을 사용한다. 네 번째로, 흙 넣기를 한다. 흙은 토양 개량을 시켜줌으로써 뿌리 발근, 호흡, 통기성을 개선하도록 한다. 다섯 번째로, 새 뿌리가 잘 나오도록 뿌리 발근제를 살포해 주어야 한다.

지상부 외과수술 먼저, 쇠약지와 고사지를 제거하는데 부패방지를 위하여 고사지를 제거하고, 탄수화물 손실을 막기 위하여 쇠약지를 제거해 주어야 한다. 다음으로, 부패부를 제거하는데 부후균으로 인한 부패부는 단단한 부분만 남겨두고 나머지는 전부 제거하는게 바람직하다. 세 번째로, 살균처리를 하는데 부후균 포자를 75% 에칠알콜로 깨끗이 살균 처리한다. 네 번째로, 살충처리를 하는데 확산력과 침투성이 강한 아세타미프리드 액제 1,000배액을 3회 살포한다(이와 정, 2002). 다섯 번째로, 공동 내부를 지오판도포제로 도포하고, 폴리우레탄으로 충전 · 성형한다. 마지막으로, 실리콘-코르크 가루 반죽으로 표면처리해서 마무리한다.

1. <나무의 동공 발생 모습>

2. <도포제 처리를 통한 코팅>

토끼털송편버섯에 의한 동공 치료의 절차

3. <알콜로 동공 살균 처리>

4. <외과수술>

토끼털송편버섯에 의한 동공 치료의 절차

이태리포플러 - 토끼털송편버섯 방제를 통한 수세 회복 모습

중국단풍나무 흰가루병(白粉病, *Powdery mildew*)

대상기주 중국단풍나무(*Acer buergerianum*)
병원균 *Sawadaea polyfida*
진단일자 2015년 7월 20일
장소 전북 순창군 순창읍

진단내용

해당 수목은 해마다 잎 앞면과 뒷면에 하얀 가루가 생겼는데, 주로 통풍이 불량하거나 습하고 그늘진 곳에서 많이 발생하였다. 병원균을 현미경으로 검경한 바 크기 8.8-22.6(14.6)×5.8-7.4(6.4) ㎛ 되는 분생포자가 관찰되었으며(B), 분생포자는 연쇄상으로 연결되어 있어서 *Sawadaea polyfida*의 특징과 일치하여 흰가루병으로 동정하였다.

중국단풍나무 흰가루병의 병징 (A), 병원균의 분생포자 (B)

처방내용

물리적 방법 피해가 심하지 않을 때는 병엽을 고지 가위로 제거해주고, 휴면기 때는 낙엽을 모아 소각 처리하도록 하였다.

화학적 방법 새잎이 나면서부터 6월말까지 흰가루병의 약제인 트리아디메폰 수화제 2,000배액을 한 달에 1~2회 살포하고(이 등, 2011), 월동 중에는 12월부터 다음해 2월까지 황나노 250배액을 살포하도록 하였다.

중국단풍나무 흰가루병 방제를 통한 수세 회복 모습

중국단풍나무 흰가루병 방제를 통한 수세 회복 모습

팥배나무 붉은별무늬병(赤星病, *Cedar apple rust*)

대상기주 팥배나무 (*Sorbus alnifolia*)

병원균 *Gymmosporangium asiaticum*

진단일자 2015년 7월 25일

장소 광주광역시 동구 무등산 동적골

진단내용

피해 지역은 노간주나무(중간기주)와 팥배나무가 기주식물(녹병정자, 녹포자)이 었는데, 팥배나무의 피해가 심해서 방제가 시급한 상황이었다. 팥배나무 잎 뒷면에 형성된 붉은별무늬병반에서 녹포자가 관찰되었으며, 해당 녹포자의 크기는 19.3-24.2(22.3)×17.9-20.1(18.8) ㎛로 *Gymmosporangium asiaticum*의 특징과 일치하였으므로 붉은별무늬병균으로 동정하였다.

팥배나무 붉은별무늬병 병징 (A), 병원균의 녹포자 (B)

처방내용

물리적 방법 팔배나무를 보호하기 위해 근거리에 있는 중간기주인 향나무, 노간주나무를 제거하도록 하였다.

화학적 방법 4~5월에 트리포린 유제 800배액을 7~10일 간격으로 2~3회 살포하거나 플루실라졸 · 크레속심메틸 액상수화제 1,000배액을 7~10일 간격으로 2~3회 살포하도록 하였다(한, 2010).

팥배나무 붉은별무늬병 방제를 통한 수세 회복 모습

상록활엽수

참식나무 탄저병
팔손이나무 탄저병

상록활엽수

참식나무 탄저병(炭疽病, *Anthracnose*)

대상기주 참식나무(*Neolitsea sericea*)

병원균 *Colletotrichum gloeosporioides*(완전세대 *Glomerellacingulata*)

진단일자 2009년 5월 20일

장소 광주광역시 동구 운림동 동산마을

진단내용

피해 수목을 관찰한 바 잎의 상단부터 새까만 병반들이 생겨 점차 커지고, 병반에는 작고 검은 소립점(분생포자층)이 무수히 솟아 있었다. 분생포자의 특징이 *Colletotrichum gloeosporioides*와 일치하여 참식나무 탄저병으로 진단하였다. 수세가 쇠약해지거나 태풍과 장마철인 7월이 되면 탄저병 피해가 심해진다. 한번 발생하면 확산 속도가 빠르고, 심해지면 잎들이 무수히 떨어지면서 미관상 문제가 생긴다(나 등, 2009).

참식나무 탄저병의 병징

참식나무 탄저병의 병징

처방내용

물리적 방법 발생이 적을 때는 병반 잎들을 수거하여 태우고, 통풍과 채광이 잘 되도록 전지와 전정을 하도록 하였다. 수세 회복을 위하여 영양제 수간주사를 놓거나 비배 관리를 확실하게 하도록 하였다.

화학적 방법 7월에 만코제브 수화제 1,000배액을 3~5회 살포하거나 아족시스트로빈 수화제 1,000배액을 3~5회 살포하도록 하였다.

참식나무 탄저병 방제를 통한 수세 회복 모습

팔손이나무 탄저병(炭疽病, *Anthracnose*)

대상기주 팔손이나무(*Fatsia japonica*)

병원균 *Colletotrichum gloeosporioides* (완전세대 *Glomerellacingulata*)

진단일자 2015년 6월 22일

장소 전북 순창군 적성면 도로변

진단내용

피해 수목의 잎을 관찰한 바 잎이 다각형의 회백색 병반 위에 검은 소립점이 무수히 솟아 있었다. 병원균을 감자한천배지에서 분리배양한 결과, 처음에는 회색의 균총을 형성하다 차차 어두운 회색으로 변했다. 분생포자는 끝이 뭉툭한 원통형으로 무색이며, 크기 14.6-17.8(15.8)×4.2-5.6(4.9) ㎛이었다. 이러한 병원균의 균학적 특징들이 Mordue (1971)가 보고한 *Colletotrichum gloeosporioides*와 일치하여 탄저병으로 동정하였다.

팔손이나무 탄저병 병징 (A), 병원균의 균총 (B) 및 분생포자 (C)

처방내용

물리적 방법 피해가 적을 때는 병엽을 수거하여 태우고, 통풍과 채광이 잘 되도록 전지와 전정을 하도록 하였다.

화학적 방법 7월에 만코제브 수화제 1,000배액 또는 아족시스트로빈 수화제 1,000배액을 3~5회 살포하도록 하였다(한, 2010).

팔손이나무 탄저병 방제를 통한 수세 회복 모습

팔손이나무 탄저병 방제를 통한 수세 회복 모습

침엽수

소나무 그을음병
소나무 재선충병
소나무류 갈색무늬병
소나무 잎녹병
소나무 혹병
측백나무 잎마름병
향나무 녹병

침엽수

소나무 그을음병(煤病, *Sooty mold*)

대상기주 소나무(*Pinus densiflora*)

병원균 *Limacinia* sp.

진단일자 2013년 6월 10일

장소 전북 순창군 적성면 도로변

진단내용

검은색 그을음이 잎과 가지 전체에 생기면서 수세가 점점 쇠약해지는 증상을 보여 현미경으로 검경한 바 분생포자와 분생포자경이 관찰되었다. 분생포자의 크기는 5.2~8.2×2.8~6.4 ㎛ (평균 6.5×4.9 ㎛)로 측정되어 *Limacinia* sp.로 동정하였다. 소나무 그을음병균은 병원성이 없어 깍지벌레나 진딧물의 분비물에 있는 당밀에 부생하기 때문에 깍지벌레나 진딧물이 없으면 저절로 없어지게 된다.

소나무 그을음병 병징

처방내용

물리적 방법 깍지벌레나 진딧물이 생기지 않도록 통풍과 채광이 잘 되도록 전정을 해주고, 수목의 쇠약을 방지하기 위해서 배수나 비배관리에 신경을 쓰도록 하였다.

화학적 방법 진딧물 발생 시 디노테퓨란 수화제 1,000배액을 7~10일 간격으로 2~3회 살포하고, 깍지벌레 발생 시 뷰프로페진 · 메톡시페토자이드 수화제 1,000배액을 7~10일 간격으로 3~4회 살포하도록 하였다(문과 이, 2014).

소나무 그을음병 방제를 통한 수세 회복 모습

소나무 재선충병(材線蟲病, *Pine wilt*)

대상기주 소나무 (*Pinus densiflora*)
병원선충 *Bursaphelenchus xylophilus*
진단일자 2013년 2월 4일
장소 순창군 순창군청, 인계면사무소, 동계면사무소

진단내용

순창군 인계면사무소에서 700 m 떨어진 야산의 소나무들이 고사되어 목질부를 채취하여 조사한 결과, 성충의 몸길이가 0.8~1 ㎜ 정도 되는 식물기생성 선충의 일종인 재선충이 다수 검출되었다. 피해 지역 반경 2 ㎞ 내에 식재된 순창군청, 인계면사무소, 동계면사무소 인근의 소나무 군락지에 대한 예방적 방제가 시급한 상황이었다.

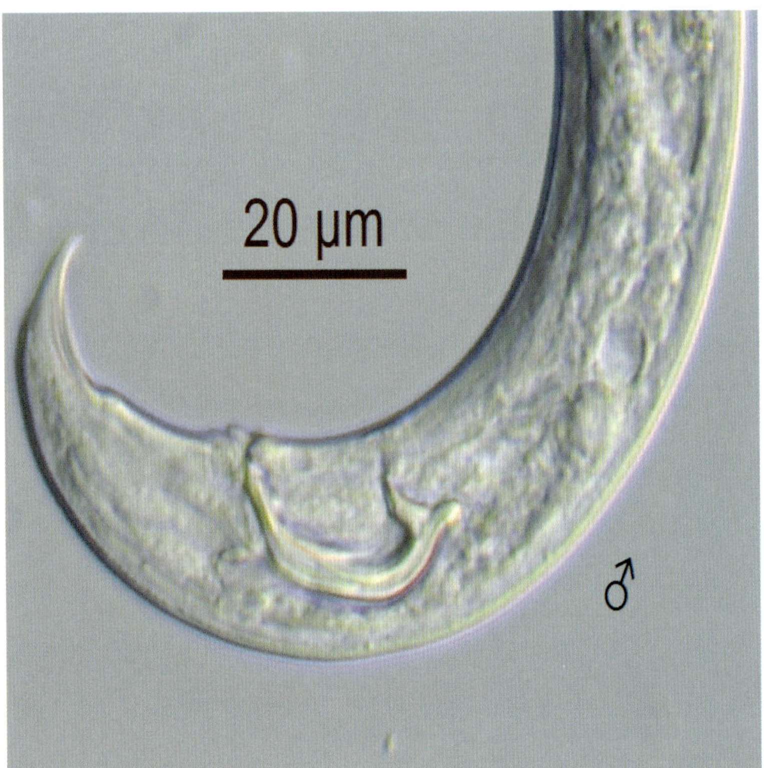

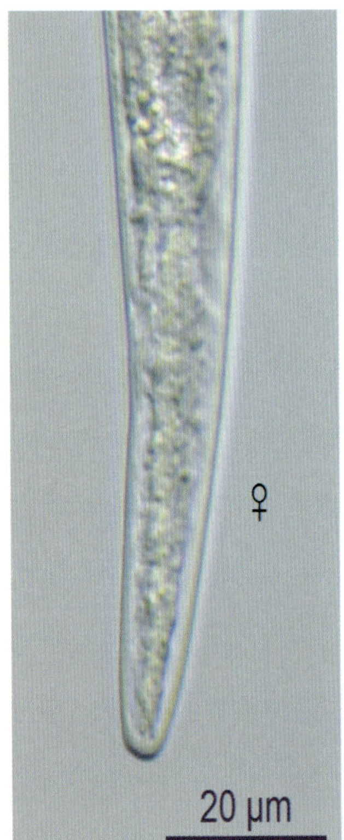

소나무 재선충병의 형태(나용준 교수 제공)

처방내용

물리적 방법 기 발생된 장소 인근에 피해가 가지 않도록 매개충이 산란된 고사목을 완전히 제거하여 소각하도록 하였다.

화학적 방법 소나무, 해송의 병해는 남부 지방에 분포되어 있는 솔수염하늘소가 주 매개충이기 때문에 솔수염하늘소 발생기인 5~7월에 치아클로프리드 액상수화제로 매개충을 방제하도록 하였다. 소나무, 해송의 재선충감염 예방을 위해 2~4월에 abamectin 벤조에이드(수간주사용 예방 약제)를 흉고직경 1 ㎝ 당 원액 1.0 ㎖(흉고 직경 5 ㎝ 당 캡슐 1개)를 수간주사하였다. 향후 예방적 방제 차원에서 수간주사용 예방약을 주사하고, 이후 2년 단위로 지속적으로 방제하도록 하였다.

<액상수화제 살포>

<예방약 수간주사>

소나무 재선충병의 방제

소나무류 갈색무늬병(褐斑病, *Brown spot needle blight*)

대상기주 소나무(*Pinus densiflora*)

병원균 *Scirrhia acicola*(완전세대 : *Mycosphaerella dearnessii*)

진단일자 2014년 6월 30일

장소 전남 순천시 순천만 정원

진단내용

해송 잎들이 황갈색으로 변하면서 고사가 진행되고 있었다. 잎에 다수의 갈색 병반이 나타나고, 상태가 심한 것은 병반이 서로 합쳐져 잎 전체가 갈색을 띠고 있었다. 갈색 병반 위에 특유의 검은 분생포자층이 발견되었고 분생포자 특징이 Scirrhia acicola의 특징과 일치하였으므로 소나무류 갈색무늬병으로 동정하였다.

소나무류 갈색무늬병 병징

처방내용

물리적 방법 땅에 떨어진 병든 잎은 늦가을에 태우거나 땅 속에 묻어 전염원을 없애고, 다습한 환경에서 많이 발생하므로 배수와 통풍이 잘 되도록 관리하게 하였다.

화학적 방법 4월에 클로로탈로닐제, 만코지 수화제를 3~4주 간격으로 3~4회 살포하고, 3월에 터부코나졸 유탁제를 수간주사하도록 하였다(나 등, 2009).

소나무류 갈색무늬병 방제를 통한 수세 회복 모습

소나무 잎녹병(*Coleosporium* spp.)

진단내용

5월쯤 되면 사각 주머니 모양으로 황색의 녹포자기가 일정한 간격으로 줄지어 나타난다. 노란 주머니가 터져 녹포자가 중간기주로 이동한다.

소나무 잎녹병 피해 모습

처방내용

물리적방법 중간기주인 잔대, 애기도라지, 모시대, 쑥부쟁이, 국화과식물 등을 없앤다 .

화학적 방법 10월에 트리아디메폰 수화제 800배액 혹은 페나리몰 수화제 3,300배액을 2주 간격으로 3회 이상 살포한다.

소나무 혹병(*Cronartium quercuum*)

진단내용

가지와 줄기에 혹이 발생하면 해마다 비대해져 사람 주먹보다 크게 자란다. 1-2월에 혹에서 녹병정자가 나오고 봄이 되면 황색가루인 녹포자가 중간기주인 참나무에게 옮겨 간다. 가을이 되면 참나무에서 온 담자포자가 소나무에서 월동한다.

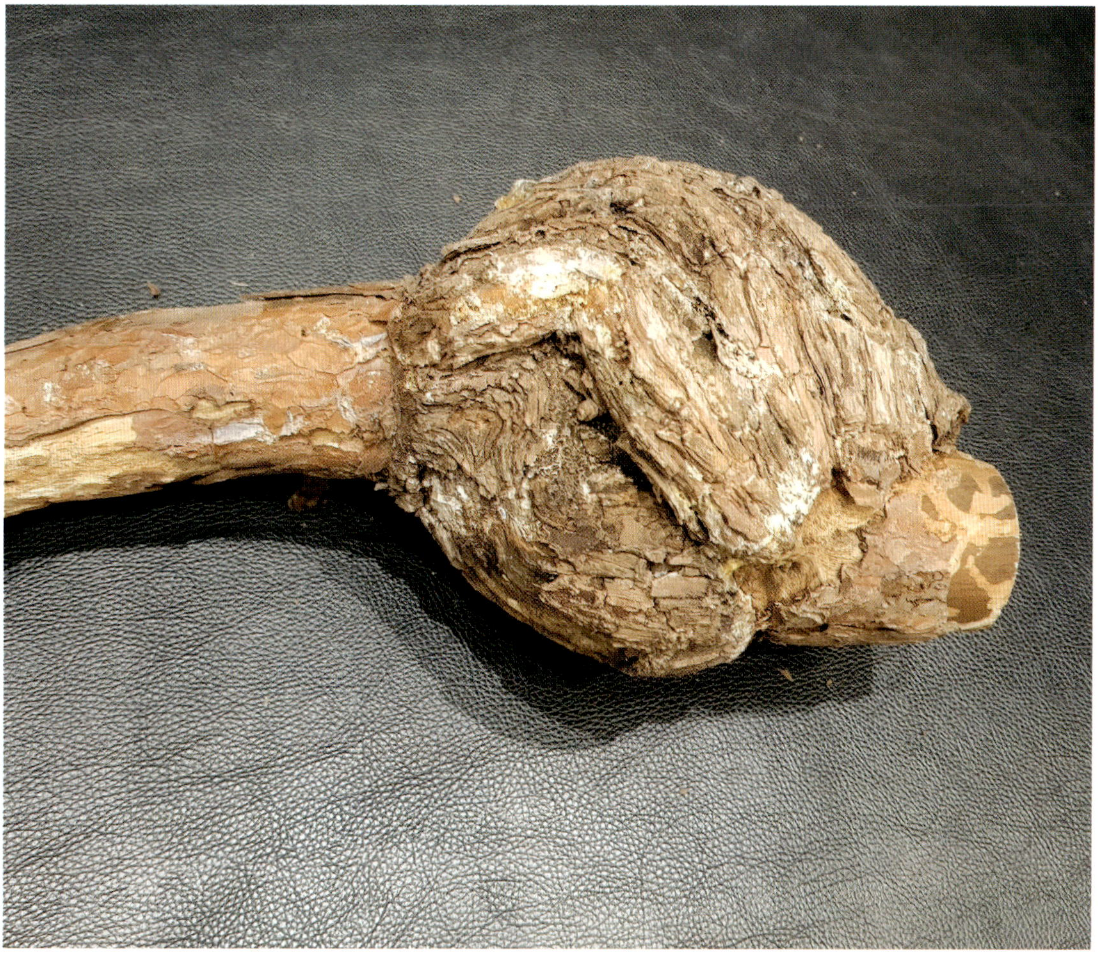

소나무 혹병 피해 모습

처방내용

물리적 방법 혹병이 있는 곳을 제거하고 소나무 주위 참나무들을 완전히 제거한다.

측백나무 잎마름병(葉枯病, *Needle blight*)

대상기주 측백나무 (*Thuja orientalis*)
병원균 *Pestalotiopsis diospyri*
진단일자 2015년 7월 20일
장소 광주광역시 동구 운림동 동산마을

진단내용

도로변에 위치한 피해 수목은 한 여름철 고온으로 인해 수세 불량과 뿌리의 생리 기능 저하로 가지와 잎의 고사가 진행 중이었다. 병반부가 잎 가장자리부터 갈색을 띠고, 안으로 오그라들면서 마르는 증상을 보이고 있었다. 감자한천배지에서 병원균을 분리배양하여 검경한 결과 분생포자는 방추형 또는 타원형으로 4개의 격벽으로 구성되어 있으며 크기는 7.7~10.1 ㎛이었다. 포자 중앙의 3개 세포 중 위쪽의 2개는 암갈색 또는 갈색이고 아래쪽 세포는 황갈색 또는 올리브색이었다. 정단세포의 부속사는 보통 2~4개이고 크기는 7.4~14.0 ㎛이었다. 기부세포(基部細胞)의 내부 부속사의 크기는 1.8~5.6 ㎛이었다(C). 병원균의 균학적 특징들이 Guba (1961)가 보고한 *Pestalotiopsis diospyri* 와 일치하여 *P. diospyri* 로 동정하였다. 따라서 이 병은 *P. diospyri* 에 의한 잎마름병으로 진단하였다.

측백나무 잎마름병의 병징 (A), 병원균의 균총 (B) 및 분생포자 (C)

처방내용

물리적 방법 뿌리 기능을 활성화시키기 위하여 고사된 뿌리를 제거하고, 토양개량제와 뿌리발근제 처리를 하도록 하여 수세 회복을 도모하였다.

화학적 방법 메트코나졸 액상수화제 3,000배액을 10일 간격으로 4~5회 살포하도록 하였다.

측백나무 잎마름병 방제를 통한 수세 회복 모습

향나무 녹병(銹病, *Cedar-apple rust*)

대상기주 향나무(*Juniperus chinensis*)
병원균 *Gymnosporangium asiaticum*
진단일자 2015년 4월 15일
장소 광주광역시 동구 운림동

진단내용

향나무 가지에 노란 이물질이 발견되어 살펴본 바 돌기(겨울포자퇴)가 비를 맞고 우무처럼 처져 있어서 우무처럼 보이는 조직을 떼어내어 현미경으로 관찰한 결과 33.7-35.3(34.7)×18.8-22.6(21.2) ㎛ 크기의 겨울포자가 관찰되어(B)향 나무 녹병으로 진단하였다(김 등, 2007). 주위에 장미과 식물(사과나무, 배나무, 모과나무)들이 많아서 기주식물과 함께 방제가 시급한 상황이었다.

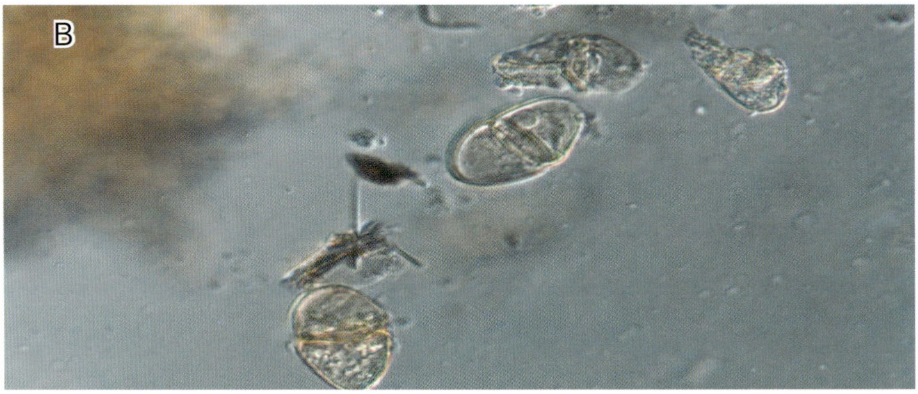

향나무 녹병 병징 (A), 병원균의 겨울포자 (B)

처방내용

물리적 방법 2 ㎞ 이내에 있는 장미과 식물들을 제거하고, 배수 관리를 철저히 하도록 하였다.

화학적 방법 향나무는 4월 초순부터 6월 하순까지, 장미과 기주식물 등은 4월 초순부터 6월 하순까지 트리아디메폰 수화제 600배 희석액을 8~9일 간격으로 3~4회 살포하도록 하였다.

<전>

<후>

향나무 녹병 방제를 통한 수세 회복 모습

기타

튤립나무 세균성점무늬병

기타

튤립나무 세균성점무늬병(*Bacterial leaf spot*)

대상기주 튤립나무(*Liriodendron tulipifera*)
진단일자 2015년 7월 3일
장소 광주광역시 동구 운림동 무등산 도로변

진단내용

피해 수목의 잎에는 갈색 반점이 측맥을 따라 퍼지면서 주변부가 퇴록하여, 중심부만 황갈색을 띠고 있었다. 해당 수목은 조경수로 많이 쓰이는데 병징이 나타나면 잎에 무수히 많은 반점이 생기면서 퍼지기 때문에 그 가치가 크게 떨어지게 된다. 일반적으로 잎 표면에 1 ㎜ 내외의 작은 흑갈색 반점이 형성되면서 주변부가 황색으로 퇴록하는 병징이 보이면 이 등(2011)은 세균성점무늬병으로 보고 있다. 그러나 아직까지 병원균이 정확하게 동정되지 않은 상태이다.

튤립나무 세균성점무늬병 병징

처방내용

물리적 방법 피해 잎들이 낙엽 지면 한꺼번에 모아서 소각하도록 조치하였다.

화학적 방법 수간 삽입용 복합 식물 영양제를 흉고둘레 10~15 ㎝ 당 1개를 삽입하고, 조경용 막대비료를 수관 외곽선에 꽂도록 하였다.

튤립나무 세균성점무늬병 방제를 통한 수세 회복 모습

생리적 피해 (비전염성 병)의 진단 및 처방

기상적 피해

메타세콰이어 고온에 의한 피소 피해
수수꽃다리, 박태기나무 고온 피해

3. 생리적 피해(비전염성 병)의 진단 및 처방

기상적 피해

메타쉐쿼이아 고온에 의한 피소 피해

진단내용

각각 5 m 정도 떨어져 식재된 메타쉐쿼이아의 수간이 고온의 태양 광선을 직접 받아 수피의 수분이 증발하여 수피가 터져 있다. 특히, 표피가 얕거나 발달하지 않은 수피가 피해를 많이 본다. 이식된지 2년 밖에 되지 않은 해당 수목들은 토양에서 수분 흡수를 원활하게 하지 못했다. 이 상태에서 여름철 높은 고온을 만나 피소(수피가 터짐) 피해를 입었는데 남서쪽의 수피는 지하고 부근까지 터지는 심한 피해를 입었다.

메타쉐쿼이아 고온에 의한 피소 피해 모습

처방내용

이식한지 3년이 안 된 수목은 수피에 흰 페인트를 칠한다. 혹은 새끼를 감고 황토를 바르거나 황마대를 감아 준다.

수수꽃다리, 박태기나무 고온 피해

진단내용

더운 날씨에 뜨거워진 콘크리트 바닥의 복사열로 인해 잎들이 피해를 입는데 엽육 조직이 황색으로 변하거나 잎의 테두리가 타들어 간다.

수수꽃다리, 박태기나무 고온 피해 모습

처방내용

콘크리트 바닥에 인접한 나무들을 고온 피해로부터 보호하기 위해 높이 50 ㎝ 정도의 차광막으로 울타리를 형성해 주거나 오후 늦은 시간대에 칼륨과 물을 잎에 살포해 준다.

인위적 피해

인위적 피해

느티나무 고온 피해

대상기주 느티나무 (*Zalkova serrata*)

진단일자 2009년 10월 24일

장소 전북 순창군 순창읍 순창군청

진단내용

피해 수목의 하층 지하에 기관실이 있어 겨울에는 뜨거운 스팀 피해(평균 23 ℃)와 여름에는 차가운 에어컨 피해(평균 15 ℃)가 수년간 되풀이 되면서 가중된 피해로 인해 고사지가 다량 발생되었다. 뿌리의 상태를 살펴보기 위해 지제부 정면과 후면 땅을 0.3 m 깊이로 파보니 짙은 갈색과 흑색으로 변질되어 고사된 뿌리가 다량 발견되었다.

토심 지하기관실에 의한 피해 모습

처방내용

고사지를 살아 있는 조직에서 절단하였으며, 부후균 예방 도포제를 바르고 외과 수술을 시행하였다. 배수불량과 단립구조를 개선하기 위해 뿌리 발근 STICK을 가장자리에 촘촘히 꽂아 줬고, 조경용 막대 비료를 유공관 STICK 방향으로 3~4개씩 투여하였다. 목초액과 해조 추출물이 함유된 식물 호르몬 뿌리 발근제(500:1 혼합)를 지제부 주위에 살포하여 뿌리 사이에 흡수되도록 하였다. 유기 코코칩 성분인 멀칭(배수)을 전체적으로 깔아서 마무리하였다.

고온 피해 대비 작업 모습

고온 피해 느티나무 수세회복 모습

느티나무 복토 피해(1 m 복토 마른 우물 공사)

대상기주 느티나무(*Zalkova serrata*)

진단일자 2012년 3월 12일

장소 전북 순창군 순창읍 군청 내

진단내용

피해 수목은 잎이 작고 쇠약지와 고사지가 다량 발생하였는데, 수관 꼭대기부터 밑으로 가지가 죽어 내려 왔다. 2007년 피해목 주위 아스팔트 주차장 위로 흙을 1 m 성토했는데, 공사 시 해당 수목 주위의 아스팔트를 제거하지 않고 성토했기 때문에 뿌리의 호흡기능과 흡수기능에 지장이 있어 수세가 쇠약해졌다. 피해목 앞에 주차장이 있어 만성적인 차량의 매연 피해가 있었고, 상대적으로 피해목이 위치한 지대가 낮아서 배수불량도 발생한 상태였다.

처방내용

물리적 방법 피해목의 지제부가 나올 때까지 복토를 제거하고, 자갈과 유공관을 깐 후 주변에 마른 우물을 설치하였다. 공기와 수분이 공급될 수 있도록 유공관을 수관폭 만큼 15군데 설치한 후, 지제부 배수를 양호하게 하기 위하여 수관부 끝 지점까지 2~3%가량 경사가 되도록 처리하였다. 수간 주변에 호박돌로 원형의 마른 우물(수간부에서 마른 우물까지 최소 0.6 m 이상 떨어져야 함)을 만들고, 마른 우물에서 수관폭 만큼 바닥에 원형으로 자갈을 20~30 ㎝ 깊이로 깔아 주었다. 수평 연결 유공관 10 ㎝를 수평에서 방사상 방향으로 수관 끝 가장자리 원둘레 안쪽까지 들어오도록 하여 우물 안에 물이 고이지 않도록 하고 공기유통을 유도하였다. 수직 유공관 15개를 원둘레 방향 유공관이 서로 만나는 곳에 수직으로 세웠다. 구멍으로 흙이 들어가지 않도록 모든 유공관 주변을 토목섬유로 둘러싸매고, 원하는 높이 만큼 흙을 채워서 복토하였다. 마지막으로, 유공관 안에 이물질이 들어가지 못하도록 자갈을 채웠다(이, 2015).

화학적 방법 영양제 수간주사와 뿌리발근제, 엽면시비를 공급해서 수세를 회복시켰다. 지제부(땅가부위)에서 15~20 ㎝ 사이 높이에, 수피에서 변재까지 45° 각도로 활엽수는 깊이 3 ㎝, 침엽수는 5 ㎝(수평으로 따지면 2~3.5 ㎝ 정도)가 되도

처방내용

록 목질부까지 뚫어서 영양제 수간주사를 투여하도록 하였다. 엽면시비는 4종 혼합비료 1,000배액과 요소 800배0.15%(800배)를 혼합하여 2주 간격으로 2~3회 잎에 충분히 살포하도록 하였다. 영양제 수간주사는 병당 조제 성분을 포도당 1,000 ㎖ 1병, 질산칼륨(KNO3) 0.25 g, 황산마그네슘(MgSO4) 0.25 g, 제1인산칼륨(KH2PO4) 0.25 g, 질산칼륨(Ca(NO3)2) 1 g, 피리독신 0.5 g, 지아민 0.5 g, 니아신 0.5 g을 사용한다(문화재청, 2010).

13. 1 m 복토 마른 우물 공사

복토 피해 느티나무 수세회복 모습

느티나무 수피 훼손 피해(수피 이식 작업)

대상기주 느티나무(*Zalkova Serrata*)
진단일자 2005년 4월 2일
장소 전북 순창군 적성면 대산마을

수목의 상처피해

우리 주변의 나무들을 보면 크고 작은 상처들을 흔히 볼 수 있다. 상처가 심한 나무는 흉고 직경 밑으로 훤하게 수피가 터져 속살(목질수)이 드러난 경우도 있다. 이런 상처들은 인위적인 피해, 기상적인 피해, 생물적인 피해로 분류할 수 있다. 그 중에서 적설, 낙뢰, 피소로 인해 발생하는 피해가 심하다.

느티나무처럼 유상조직이 발달되어 활발한 비대 성장을 하는 수목들도 평절로 과도하게 잘리거나 수피가 터져 속살이 훤히 보이는 경우 상처를 완전히 뒤덮기까지 수년에서 몇 십년 걸리는 경우가 있다. 따라서 이른 수피 이식을 통해 나무를 보호하여 건강하게 가꾸는 것이 중요하다.

진단내용

2005년 3월에 마을의 당산목 역할을 하는 느티나무가 크게 훼손되어 관찰해 보니, 피해 수목의 지제부에서 1.2 m 높이에서 흉고 둘레를 0.3 m 폭으로 빙둘러 수피가 환상박피되어 있었다. 느티나무가 개인 농작물에 그늘을 만들어 매년 벼의 알이 제대로 차지 않고 수확이 늦어지는데 불만을 품은 농부가 피해 수목을 훼손한 것으로 밝혀졌는데, 수피를 제거한 자리에 그라목손 제초제 원액까지 살포한 사실이 알려졌다. 진단 일로부터 수피 훼손은 10일 전쯤, 그라목손 원액 살포는 7일 전쯤에 이루어진 것으로 조사가 되었다. 전체적으로 수피가 많이 훼손되어 일반적인 방법으로는 소생하기 어렵다고 진단하였다.

처방내용

물리적 방법 상처 부위를 깨끗하게 청소한 다음 훼손된 수피 상처의 위와 아래 2 ㎝ 정도 살아 있는 수피를 추가로 벗겨내었다. 때마침 이른 봄 습설로 설절이 발생된 피해 수목의 가지에서 이식할 수피 조각을 확보하였다. 제거된 수피의 크기에 맞춰 재단한 수피 조각(8×35 ㎝) 9개를 수피 훼손 부위에 둘러 가면서 붙인 후(위와 아래 방향 구분), 바세린을 충분히 발라서 방수하고 그 위로 고무바를 여러 번 감아주었다(이, 2015).

수피 이식 후 모습

이식 후 상태

4개월 정도 기다린 후 확인해 보니, 이식한 수피 조각 중에서 2개만 유상조직이 자라고 있음이 확인되었다. 2007년 7월 5일에 상태를 다시 확인한 결과 이식한 수피 9조각 중 2조각이 완전히 흡착되어 이식에 성공하였다. 최근 2015년 10월 7일에 최종 확인한 결과 새로 생긴 수피 나이테가 선명하게 관찰되고, Junsmemer의 나무활력도가 81.4 kΩ으로 아주 건강한 상태였다.

최근 새 나이테가 관찰되는 건강한 모습

느티나무 수피 이식 작업의 효과

수피 이식을 위한 수피 조각 확보

2005년 3월 순창군에 많은 양의 눈이 내렸는데 해빙기에 수분을 많이 함유한 눈이 해당 느티나무 수관 위에 과퇴적 되어 그 압력으로 인해 가지가 설절의 피해를 받았다. 이러한 피해는 건설보다 습설에서, 한대지방보다 온대나 난대지방에서, 한겨울 보다 이른 봄 3월에 그 피해가 크다. 때마침 발생한 느티나무 가지의 설절 피해로 직경 10-15 ㎝의 부러진 가지를 확보할 수 있었다. 이 가지로 수피 피해가 발생한 부위의 치료를 위한 수피 이식을 진행할 수 있었다.

상처 도포제

수피가 터져 속살이 훤히 보이면 반드시 상처 주위에 락발삼(Lac Balsan), 티오파네이트메틸 도포제(톱신페스트), 테부코나졸 도포제(실바코 도포제), 카타파스타 도포제, 바세린 도포제 등을 발라서 부후균이 들어오는 것을 미연에 방지해야 한다. 예전에 많이 사용되었던 트리코테, 콜타르는 살아 있는 유조직(형성층, 수선, 저장조직, 분열조직)에 피해를 입히기 때문에 사용을 지양하고 다음과 같은 약의 사용을 권장한다.

유럽에서 락발삼(Lac Balsan)이라는 라텍스 유제(Latex emulsion)를 목질부에 바르고 효과를 조사했더니 결과가 양호하게 나왔다. 일본에서는 티오파네이트메틸 도포제(톱신페스트)를 병반부 주위 1-2 ㎝ 정도를 수직으로 완전히 도려내고 발랐더니 굳어서 보호막을 형성하였다. 이 보호막은 병원균 침입을 오랫 동안 막았다. 본 수피 이식에 사용된 바세린(Vaseline)은 그 원료가 돼지기름으로 만들어져서 방수와 햇볕 차단, 상구 조직 형성 촉진 등의 역할을 한 것으로 보인다.

박물관 앞 느티나무 답압 피해

진단내용

박물관 앞 광장의 바닥을 벽돌로 깔았는데 중심부에 느티나무 1주가 위치해 있다. 이 느티나무 주위로 직경 1.5 m 정도의 원형 경계석이 둘러싸고 있어서 최소 생육 공간이 확보되지 않은 상태이다. 또한 광장의 특성상 사람들의 왕래가 많아 벽돌 밑 땅이 딱딱해지는 답압이 진행되고 있다. 답압이 진행되면 수분과 산소를 공급할 토양 공극이 없어져 잎이 시들어 진다. 그리고 세근이 딱딱한 땅 속을 뚫고 나갈 수 없어 잎이 황색이나 적색을 띤다.

박물관 앞 느티나무 답압 피해 모습

처방내용

수목의 최소 생육 공간인 근원직경의 4배 정도 되는 공간을 흙으로 채워준다. 휴면기 때 20-30 ㎝ 정도를 파서 토양을 개량하고 그 위에 멀칭(수피 껍질을 덮는 것)을 해준다. 혹은 수관 둘레를 빙 둘러 1 m 마다 직경 7 ㎝ 내외의 구멍을 20-30 ㎝ 까지 뚫은 후 펄라이트, 피트머스, 모래, 유기질을 혼합하여 넣어 준다.

반송 뿌리 절단 피해

대상기주 반송(*Pinus densiflora* for. *multicaulis*)
진단일자 2014년 7월 26일
장소 전남 순천시 ○○병원

진단내용

강전정으로 인한 피해 수목의 수세를 회복시키기 위해 반송(근원직경 40 ㎝) 반경 1 m 밖에 있는 뿌리를 자른 후 유공관을 꽂아 주었다. 처치 10일 뒤에 소나무 잎들이 밑으로 쳐지는 문제가 발생하였는데, 갑자기 뿌리가 절단됨에 따라 발생한 생리장애로 동화작용과 영양소 흡수기능이 모두 떨어진 것 같았다. 더욱이 해당 수목이 위치한 곳은 예전에 석공 작업을 했던 장소로 많은 돌 위에 성토를 한 상태라 배수 불량으로 과습 피해까지 있었다.

처방내용

물리적 방법 동화작용과 영양소 흡수기능을 용이하게 하기 위해 토양을 개량하고, 뿌리발근 액체비료인 미량요소 복합비료 500~1,000배액을 2주 간격으로 2~3회 관주 처리해주었다. 활성탄, 구멍 뚫린 파이프, 맥반석 등을 이용하여 과습을 줄이는 처치를 하였다.

화학적 방법 뿌리 절단으로 인해 저해된 동화작용과 영양소 흡수기능을 개선하기 위하여 우선, 영양제 수간주사를 놓고 토양에는 2종 복합비료(막대형 고형)를 꽂아 주었다. 또한, 엽면시비용 미량요소 복합비료를 살포하였다.

영양제 수간주사는 병당 조제 성분을 포도당 1,000 ㎖ 1병, 질산칼륨(KNO3) 0.25 g, 황산마그네슘(MgSO4) 0.25 g, 제1인산칼륨(KH2PO4) 0.25 g, 질산칼륨(Ca(NO3)2) 1 g, 피리독신 0.5 g, 지아민 0.5 g, 니아신 0.5 g을 사용한다. 영양제 수간주사는 흡수기능이 떨어진 수목의 잎, 뿌리, 형성층에 영양소를 고루 보급해준다(문화재청, 2010).

2종 복합비료는 막대형과 고형이 있으며, 비료는 3단계(수용성, 구용성, 완료성) 용출로 효과가 오래 지속되기 때문에 추가 시비는 필요가 없다. 주성분은 질소(15%), 인산(5%), 가리(10%), 고토(1.5%), 붕소(0.2%)이고 사용방법은 표 4와 같다.

처방내용

근원직경(cm)	5이하	10	15	20	30	40	50
사용량(개)	1	2	3	4	5	7	9

표 4. 2종 복합비료 사용량

엽면시비용 미량요소 복합비료는 생리활성물질과 수용성 철(0.1%), 수용성 붕소(0.05%), 수용성 몰리브덴(0.0005%)으로 구성되어 있으며, 사용방법은 표 5와 같다(박, 2014).

근원직경(cm)	5 이하	10	15	20	30	40	50
사용량(ℓ)	10	20	30	50	100	200	350

표 5. 엽면시비용 미량요소 복합비료 사용량

<토양 수분 함량 및 나무 활력 모니터링>

<과습 피해 방지와 뿌리 발근 작업>

뿌리 절단 피해 반송 작업 모습

뿌리 절단 피해 반송 수세회복 모습

반송 염해 피해

대상기주 반송(*Pinus densiflora* for. *multicaulis*)
진단일자 2015년 7월 9일
장소 순천시 대대동 순천만 보전과

진단내용

피해 지역은 2004년 바다를 매립하여 부지가 조성된 곳으로 당시 수목을 식재할 토양에 염분차단제 처리를 제대로 하지 않았다. 식재 후 몇 년동안은 큰 문제가 없었지만, 표 6의 기상청 국가기후데이터센터의 자료에서 확인(순천시 강수량 자료는 2011년부터 제공)할 수 있듯이 최근에 순천시에 가뭄이 발생하였다. 겨울 가뭄(2014년 12월~1월), 봄 가뭄(2015년 3월초), 여름 가뭄(생장기 6월)으로 인해 하층 바닷물이 수목의 모세관을 타고 올라와 염분 피해가 발생하였다.

피해 수목의 잎 끝이 마르고 갈색으로 변해서 수세 진단기(청진기 본체)로 측정한 결과 bad에 가까운 56 kΩ(55 kΩ 이하면 dead)으로 나타났다. pH 진단기 측정 결과는 pH 9~10으로 강알칼리 성분으로 나타나 pH가 상승되고 있음을 확인하였다. 토양 진단기 측정 결과 토양 수분함량이 42.7~53.3이고 토양 염분은 EC 0.29~1.05 ds/m로 나왔다. 당해 봄부터 여름에 가뭄 피해가 심해 바닷물(염화나트륨)이 토양 입단을 파괴하여 토양 물리성을 약화시키고 있는 상태였다.

출처 : 기상청

연월	2014.11	2014.12	2015.01	2015.02	2015.03	2015.04	2015.05	2015.06	2015.07
월간 총 강우량(㎜)	83.8	16.8	34.3	37.6	67.1	170.7	167.5	125.8	288.7
최근 5년간 평균 강우량(㎜)	97.5	28.5	37.5	32.1	99.1	126.2	128.6	145.8	416

표 6. 순천시 월간 강우량

반송 염해 피해 모습

처방내용

물리적 방법 파괴된 토양 물리성을 개선하기 위하여 충분한 관수를 실시하도록 하였다.

화학적 방법 염분 제거제(황산, 인산이온, 200여종의 천연유기산)를 사용하여 나트륨을 토양 밖으로 용출시키고, 염으로 인한 뿌리 피해를 신속하게 치유하기 위해 표 7과 같이 염분싹싹 500배액을 15일 간격으로 2~3회 사용하도록 하였다(박, 2014).

근원직경(cm)	5 이하	10	15	20	30	40	50
사용량(ℓ)	10	20	30	50	100	200	350

표 7. 토양에서 염분을 제거하기 위한 "염분싹싹" 사용량(박, 2014)

염분 제거제 "염분싹싹"을 사용한 반송 치료

또한, 표 8과 같이 근원직경에 따라 적정량의 수간 삽입용 막대비료를 뿌리의 양분과 수분 흡수 능력이 떨어질 때 사용하여, 영양분 흡수를 도와 수세를 회복시키도록 하였다.

근원직경(cm)	10	15	20	25	30	40	50
사용량(개)	1	2	3	4	5	7	9

표 8. 수간 삽입용 막대비료 사용량(박, 2014)

염해 피해 반송 수세회복 모습

반송 이식 피해(회생 작업)

진단일자 2011년 3월 5일

대상기주 반송(*Pinus densiflora* for. *multicaulis*)

장소 전북 순창군 건강장수연구소

진단내용

2010년 11월에 식재를 시작했는데 당시 공사 외적인 문제가 발생하여 굴취 상태에서 노상에 2주 동안 방치되었다가 나중에 식재가 완료되었다. 2011년 3월에 반송 수관부 전체가 갈색으로 변하면서 부분 고사가 진행되어 반송분 주위를 파헤쳐 보니, 굴취상태에서 2주간 노상에 방치되었을 때 뿌리 절단이 발생했고, 뿌리 절단 지점에서 1~2 ㎝ 정도 썩어 있는 상태라 재수술이 필요하다고 진단하였다.

처방내용

물리적 방법 우선 반송 지제부 주위 꽃잔디를 제거하고, 썩어있는 뿌리 부분을 살아있는 조직에서 절단하였다. 뿌리에 소독을 하고 새 발근을 유도하기 위해 뿌리 발근제를 꼼꼼히 바른 후에 보습제, 발근촉진, 척박지 토양개량제 역할을 하는 조경 식재(이식)용 비료를 공급하였다. 분을 형성하고 분 주위 흙을 3 ㎝ 정도 털어낸 후 식재용 비료를 물에 조금씩 혼합하여 평균 5 ㎝ 간격마다 소독저 1/2 크기를 좌우 상하로 꽂아 주었다. 녹화마대와 반생 처리하였으며, 수세가 쇠약함으로 발근촉진제, 영양제 수간주사, 엽면시비를 해주도록 하였다.

수간삽입용 뿌리 활력/발근촉진제는 질소를 제외한 인산, 가리, 그 외 7종의 필수 미네랄 영양소를 나무에 직접 꽂는다. 유효성분은 수용성인산(50%), 수용성가리(30%), 수용성고토(0.1%), 수용성붕소(0.03%), 수용성구리(0.05%), 수용성망간(0.05%), 수용성아연(0.05%), 수용성철(0.1%), 수용성몰리브덴(0.0005%)과 같다(심, 2015). 제 4종 복합비료는 생육촉진에 필요한 영양소를 신속히 공급하여 동화·흡수 기능이 떨어진 수목을 회복시킨다. 유효성분은 질소전량 0.05%, 수용성가리0.05%, 철 0.18%, 고토 0.5%, 망간 0.25%, 구리 0.06%, 아연 0.06%, 붕소 0.08%이다. 칼륨(K) 영양제를 수관부 전체에 꼼꼼히 처리하여 엽면시비하도록 하였다(한농화학, 2013).

1. <썩은 뿌리 가장자리>

2. <뿌리 절단 및 발근제 처리>

3. <물짐 제작>

4. <나무 주사 투여>

이식 피해 반송 회생 작업 모습

이식 피해 반송 수세회복 모습

섬잣나무 대기오염 피해

진단일자 2004년 7월 23일
대상기주 섬잣나무 (*Pinus parviflora*)
장소 전남 광양시 시청

진단내용

오존(O_3)은 산화제 또는 광화학 대기오염물질로 불리는데, 그밖에 대기오염물질은 수많은 미량화합물들이 포함되어 있다. 이들은 1차 오염물질 중 일산화질소, 이산화질소, 탄화수소들이 태양광선의 영향으로 반응할 때 나타난다. 오존에 의한 잎의 피해는 피자식물의 경우 변색, 표백, 작은 반점, 잎 양면의 괴사 4가지 형태로 나타나고, 책상조직 세포가 파괴되면서 나타난다. 광양시청 내에 식재되어 있는 피해수목을 살펴보니 작은 반점, 잎 양면의 괴사가 발견되었고, 표 9와 같이 광양시청 환경과에 문의한 통계자료에서도 오존 피해를 확인할 수 있었다. 오존 농도가 0.12 ppm 이상일 때 오존주의보가 발령되는데, 광양시는 2003년 6월 2회, 8월 1회, 2004년 6월 2회, 7월 2회, 8월 1회 발령하였다.

출처 : 광양시청 환경과

월 \ 연	2003	2004
6월	2회	2회
7월	-	2회
8월	1회	1회

표 9. 광양시에서 발령한 오존 경보 횟수

처방내용

물리적 방법 피해 수목의 잎 뒷면을 깨끗한 물로 청소해 주고, 오존에 대한 저항성을 높이기 위해 칼륨을 혼합하여 엽면시비 하도록 하였다. 이(2015)에 의하면 관수를 자주하여 기공이 많이 열려 있으면 대기오염에 민감해지므로, 적절한 수준에서 나무수분 스트레스를 주는 것이 좋다. 같은 이유로 공기 중의 관계습도가 낮을 경우 대기오염에 대한 저항성이 증가한다. 그러나 급성의 대기오염에 노출되었을 경우에는 즉시 물로 잎과 가지를 씻어주면 피해 정도를 줄일 수 있다. 손상된 뿌리의 발근을 위해 뿌리 발근제 500배액을 투여하고, 차광막을 설치하여 강한 햇빛을 차단하도록 조치하였다.

처방내용

화학적 방법 피해 수목의 잎, 뿌리, 형성층의 생육촉진과 동화 · 흡수 기능 증진을 위해 수간주사용 복합식물영양제를 공급하도록 하였다. 복합식물영양제의 주성분은 수용성 철 0.2%, 수용성 망간 0.1%, 수용성 아연 0.2%, 수용성 구리 0.05%, 수용성 붕소 0.05%이다. 주당 흉고직경(㎝)의 1/10개 정도를 사용하고, 나무 수관부 크기, 영양상태, 토양 조건에 따라 증감할 수 있다. 흉고직경 8 ㎝ 이하는 사용하지 않도록 하고, 피해 시 사용하면 1년 정도 효과를 볼 수 있다.

대기오염 물질 대비 작업 모습

대기오염 피해 섬잣나무 수세회복 모습

튤립나무 염해 피해

대상기주 튤립나무(*Liriodendrom tulipifera*)

진단일자 2012년 5월 20일

장소 광주광역시 동구 운림동 도로변

진단내용

2011년 12월 4일부터 1월 15일 사이에 피해 지역은 많은 적설량이 기록되었다. 주변에 상가가 많고 산책로가 시작되는 해당 지역의 특성상 많은 사람들의 왕래가 있어 염화칼슘이 다량 살포되었다.

화단에 식재된 해당 수목의 잎들이 일부 고사하고 그 외의 잎들도 가장 자리부터 말라가며, 새로 나온 신초에도 동일 증상이 나타나고 있었다. 겨울철 사용한 염화칼슘이 토양 속에 집적되어 있다가 수목이 수분을 많이 필요로 하는 시기인 5월 이후에 피해가 나타난 것으로 추정되어 염화칼슘에 의한 피해로 진단하였다.

출처 : 기상청

연월	2011.12	2012.1
월간 총 강설량(㎝)	13	14

표 10. 광주광역시 월간 강설량

튤립나무 염해 피해 모습

처방내용

물리적 방법 파괴된 토양 물리성을 개선하는데 중점을 두는데, 물좸으로 충분한 관수를 해주어 토양 속 염분을 제거하도록 하였다.

화학적 방법 염분제거제를 사용하여 나트륨을 토양 밖으로 용출시키고, 염으로 인한 뿌리 피해를 치유하기 위해 표 11과 같이 염분싹싹 500배액을 15일 간격으로 2~3회 사용하도록 하였다.

근원직경(cm)	5 이하	10	15	20	30	40	50
사용량(ℓ)	10	20	30	50	100	200	350

표 11. 토양에서 염분을 제거하기 위한 “염분싹싹”사용량(박, 2014)

수간 삽입용 막대비료를 양분과 수분 흡수 능력이 떨어진 뿌리에 사용하여, 영양분 흡수를 도와 수세를 회복시키도록 하였다.

근원직경(cm)	10	15	20	25	30	40	50
사용량(개)	1	2	3	4	5	7	9

표 12. 수간 삽입용 막대비료 사용량(박, 2014)

염해 피해 튤립나무 수세회복 모습

해송 토양 유실 피해(토양 이화학성 개선)

대상기주 해송(*Pinus thunbergii*)

진단일자 2012년 5월 12일

장소 전북 부안군 변산면 변산해수욕장 내 해송림

진단내용

새만금 사업으로 인해 해수욕장의 모래들이 유실되어 해송 뿌리들이 노출되어 있는 상황이었고, 노출된 뿌리들 중에 약간 검게 썩은 것들이 발견되었다. 변산해수욕장의 토양 상태를 정확히 분석하기 위해 토양연구소에 분석을 의뢰(분석번호 PR-04-001)한 결과는 표 13과 같다. 한국조경학회의 2002년 토양평가 기준에 의하면 해당 지역의 토양산도(pH)는 상급(6.0~6.5), 전기전도도(EC)는 중급(0.2~1.0), 유기물함량(%)은 불량(1.5 이하)에 해당 되었다. 또한, 토양이 상당 부분 모래로 구성되어 있어 호흡작용, 배수, 통기성은 양호한 반면에 보수력, 보비력(1.5%)은 좋지 않았다.

토양시료 채취 깊이(㎝)	분석결과			비고
	pH (1:10)	EC (1:10) ds/m	유기물 함량 (%)	
0	6.4	0.22	1.5	- 농진청 고시 2002-30호 ※pH, 전기전도도 - 측정방법 시료:증류소 1:10 희석
30	6.2	0.25	1.5	
60	6.2	0.28	1.5	

표 13. 토양 시료 분석 결과

처방내용

물리적 방법 토성에 따라 점질토와 유기물, 생리증진 영양제 등을 고루 혼합한 물질을 투여하여 양분 흡수가 용이한 토양으로 개량하였다. 고사지, 쇠약지, 교차지 등을 제거하는 수형 조절을 통해 수관폭 내의 공기 유통 개선과 함께 지제부의 일사량 증가로 활발한 동화작용이 이루어지도록 하였다. 특히, 해안지역은 해송에 솔껍질깍지벌레가 많이 발생하기 때문에 병해충 잠복지 제거를 철저히 하도록 하였다. 바닷가의 강한 바람에 의한 피해가 우려되므로 생리적 피해도를 고려해 30% 정도를 제거하는 약전정을 시행하도록 했으며, 동해에 약한 해송의 특성을 고려해 엽면시비, 무기 양료 수간주사 등을 통해 수세가 쇠약해지지 않도록 조치하였다.

토양 이화학성 개선 공사 모습

처방내용

화학적 방법 영양제 수간주사를 흉고직경, 수관부 크기, 영양상태, 토양조건에 따라 적절히 증감해서 사용하였다. 영양제 수간주사는 병당 조제 성분을 포도당 1,000 ㎖ 1병, 질산칼륨(KNO3) 0.25 g, 황산마그네슘(MgSO4) 0.25 g, 제1인산칼륨(KH2PO4) 0.25 g, 질산칼륨(Ca(NO3)2) 1 g, 피리독신 0.5 g, 지아민 0.5 g, 니아신 0.5 g을 사용한다. 영양제 수간주사는 흡수기능이 떨어진 나무의 잎, 뿌리, 형성층에 영양소를 고루 보급한다. 엽면시비는 4종 복합비료 1,500배액과 요소 800배액(1.5%)을 혼합하여 2주 간격으로 2~3회 잎에 충분히 살포하거나 시중 엽면시비제인 생리활성물질과 복합 식물영양소를 적절히 배합하여 사용해도 된다.

토양 유실 피해 해송 수세회복 모습

후박나무 이식 피해

진단내용

이식을 할 때 지제부에 상당한 상처가 났는데 도포제 처리를 하지 않았다. 부후균이 침입하여 구름 버섯이 상부 조직까지 퍼져 있어 수목 전체를 제거할 필요가 있다.

후박나무 이식 피해 모습

처방내용

이식할 때 수목 표면에 상처가 나면 반드시 칼로 해당 부위를 매끄럽게 정리하고 부후균 예방약인 톱신페스트를 바른 후 도포제인 락발삼을 반드시 발라 주어야 한다.

토양적 피해

노거수(느티나무) 공동 속 자식나무 살리기 공사
느티나무 과습 피해
반송 건조 피해

토양적 피해

노거수(느티나무) 공동 속 자식나무 살리기 공사

진단일자 2003년 5월 14일

대상기주 느티나무(*Zalkova serrrata*)

장소 전북 순창군 금과면 면소재지

진단내용

공동 피해를 입은 노거수 안에 새로운 유묘가 돋아나 수피를 뚫고 상당히 큰 수목으로 성장하고 있었다. 공동 내에 흙이 없어서 인위적인 생육 공간을 마련치 않으면 곧 고사될 것 같았다.

처방내용

물리적 방법 노거수 공동 안에 수목이 살 수 있는 환경을 조성하기 위해 지제부 주위 조경석을 자연석으로 교체하고, 안쪽에 황마사로 성토하였다.

화학적 방법 피해 수목의 잎, 뿌리, 형성층 생육촉진을 위해 수간주사용 복합 식물영양제를 공급하고, 동화 · 흡수 기능 증진을 위해 복합 식물영양제를 공급하였다. 주성분은 수용성 철 0.2%, 수용성 망간 0.1%, 수용성 아연 0.2%, 수용성 구리 0.05%, 수용성 붕소 0.05%이다(심, 2015).

동공 속 자식나무 살리기 공사 모습

느티나무 동공 속 자식나무 수세회복 모습

느티나무 과습 피해(노거수 회생 이식 작업)

진단일자 2008년 6월

대상기주 느티나무(수령 약 250년 노거수)(*Zalkova serrrata*)

장소 광주광역시 북구 풍향동

진단내용

피해 수목이 배수가 잘 되지 않는 식양토에 식재되어 있으면서 주위 건물에 비해 상대적으로 낮은 지대에 있어서 토양의 수분포화가 40.1%(유효수분은 16.6~28.6%)로 지나치게 과습하여 지속적인 피해를 보았다. 과습에 의한 뿌리 고사로 수관 꼭대기부터 가지까지 밑으로 죽어 내려오고 있었다. 과습지대에 위치한 노거수를 주위보다 지대가 높고 배수, 통풍, 채광이 양호한 곳으로 이식하는게 최선의 방법이었다.

1. <이식 전 1년 동안 뿌리돌림>
2. <세근이 나오기 시작>
3. <영양제 투여>
4. <마무리 작업 및 뿌리발근제 살포>

과습지대 노거수 회생 작업 모습

처방내용

물리적 방법 지속적인 과습 피해로 잎이 갈색으로 변하면서 생기가 없기 때문에 수령 250년의 노거수를 회생시키기 위해 배수, 통풍, 채광이 양호한 환경으로 이식하였다. 이식을 위해 굴취할 수목은 이식하기 1년 전에 미리 지주목 4군데를 고정시킨 후 뿌리돌림을 해줘야 새 뿌리가 돌출되어 이식을 통한 회생 작업이 성공을 거둘 수 있다.

이식을 통한 회생 작업의 순서는 다음과 같다. 직경이 2 ㎝ 이상 되는 뿌리를 찾아 상하좌우 5 ㎝ 간격으로 소독저를 꽂아 식재용 비료를 뿌리에 직접 접촉되도록 조치하였다. 잔뿌리는 전정가위로 정리를 해주고, 녹화마대를 감은 후 그 위에 반생작업(노거수는 분이 크기 때문에 속반생과 건반생을 나누어야 안전함)을 하였다. 그 위로 길고 넓은 황마대를 감고 고무바로 반생처리를 해주었다. 5% 포도당과 영양제를 주사하고 뿌리 발근제를 공급하며, 분에 충분히 수분공급을 해주었다. 발근제는 물과 500배로 혼합하여 분에 살포하면 분이 안착한 후 발근력이 좋아진다. 큰 분을 이동하기 위해서는 H빔 공법(이와 박, 2010)을 사용하는데 분 밑을 파내고 H빔을 사다리꼴로 만든 다음에, 가운데 분 밑을 작업할 수 있도록 깊게 파내었다. 분 밑 녹화마대 처리와 반생작업을 한 다음 지지철 6개를 군데군데 배치하여 용접하였다. 지지철과 분 사이의 넓은 공간은 실링바를 연결시켜 고정시키고, 수피보호를 위해 근제부에서 초살도까지 토목섬유를 파란 노끈으로 감았다. 대나무나 나무토막을 엮어 초살도에 단단히 감고 난 다음 느티나무 높이 2/3 지점까지 와이어줄 4가닥을 H빔 코너 4곳에 연결시켰다. 상식하기 위해 느티나무 분이 들어갈 수 있는 공간을 미리 파 놓고, 1,000톤 크레인으로 이식 장소에 옮겼다. H빔 구조를 해체하고 황마태, 고무바를 상부까지 완전히 벗겨내었다. 분 밑 90%까지 마사토를 채우고 물탱크 토양보습제와 뿌리발근제를 차례로 공급한 후 물 죔을 만들었다.

화학적 방법 이식 후에는 영양제 수간주사, 제 4종 복합비료와 엽면시비를 충분히 살포하여 생육을 촉진시켰다. 영양제 수간주사는 땅가부위로부터 15~20 ㎝ 높이에 수피에서 변재까지 45도 각도(활엽수는 3㎝, 침엽수는 약 5 ㎝)가 되도록 하는데 수평으로 따지면 2~3.5 ㎝정도 된다. 영양제 수간주사는 병당 조제 성분을 포도당 1,000 ㎖ 1병, 질산칼륨(KNO3) 0.25 g, 황산마그네슘(MgSO4) 0.25 g, 제1인산칼륨(KH2PO4) 0.25 g, 질산칼륨(Ca(NO3)2) 1 g, 피리독신 0.5 g, 지아민 0.5 g, 니아신 0.5 g을 사용한다(문화재청, 2010). 제 4종 복합비료를 사용해서 생육촉진

처방내용

에 필요한 영양소를 신속히 공급하여 심한 장애로 인한 동화 · 흡수 기능이 떨어진 수목을 회복시켰다. 유효성분은 질소전량 0.05%, 수용성가리 0.05%, 철 0.18%, 고토 0.5%, 망간 0.25%, 구리 0.06%, 아연 0.06%, 붕소 0.08%와 같으며, 피해 시 흉고직경 30 ㎝ 당 1병을 사용한다. 칼리(K) 영양제를 수관부 전체에 엽면시비하였다(한농화학, 2013).

과습지대 노거수(느티나무) 이식 후 수세회복 모습

반송 건조 피해

대상기주 반송(*Pinus densiflora* for. *Multicaulis*)
진단일자 2015년 7월 4일
장소 전북 순창군 순창읍 순창군청

진단내용

표 14의 기상청 국가기후데이터센터의 자료에서 확인(순창시 강수량 자료는 2009년부터 제공)할 수 있듯이 최근에 가뭄이 발생하였다. 피해 지역에 발생한 겨울 가뭄(2014년 12월~2015년 2월)과 봄 가뭄(2015년 3월~5월)으로 반송의 새잎과 새뿌리가 거의 생기지 못하였으며, 여름 가뭄(2015년 6월 하순~7월)이 이어지면서 피해 수목의 상단부가 노랗게 변하고 열매의 숫자도 적었다. 식재된지 4~5년쯤 된 해당 수목은 장기간 건조피해로 인한 수분 부족으로 잎 끝이 마르면서 갈색으로 타들어가고 있었다. 더욱이 분을 지표면에서 높게 상식으로 식재한 것이 피해를 부추기는 결과가 되었다.

출처 : 기상청

연월	2014.11	2014.12	2015.01	2015.02	2015.03	2015.04	2015.05	2015.06	2015.07
월간 총 강우량(㎜)	98.6	33.7	35.8	19.5	38.5	142.2	51	113.1	154.7
최근 5년간 평균 강우량(㎜)	79.8	39.6	36.1	48.4	65.5	207.1	89.9	111.2	381.2

표 14. 순창시의 월간 강수량

건조 피해 반송 모습

처방내용

물리적 방법 분 자체가 높고 그 동안 유기물 투여를 전혀 받지 못했기 때문에, 유기물과 개량용 토양을 혼합 투여해주도록 하였다.

화학적 방법 지제부(땅가부위)에서 15~20 ㎝ 사이 높이에, 수피에서 변재까지 45° 각도로 활엽수는 깊이 3 ㎝, 침엽수는 깊이 5 ㎝(수평으로 따지면 2~3.5 ㎝ 정도)가 되도록 영양제 수간주사를 투여하도록 하였다. 영양제 수간주사는 병당 조제 성분을 포도당 1,000 ㎖ 1병, 질산칼륨(KNO3) 0.25 g, 황산마그네슘(MgSO4) 0.25 g, 제1인산칼륨(KH2PO4) 0.25 g, 질산칼륨(Ca(NO3)2) 1 g, 피리독신 0.5 g, 지아민 0.5 g, 니아신 0.5 g을 사용한다(문화재청, 2010). 제 4종 복합비료는 생육촉진에 필요한 영양소를 신속히 공급하여 심한 장애로 인한 동화/흡수 기능이 떨어진 수목을 회복시킨다. 유효성분은 질소전량 0.05%, 수용성가리 0.05%, 철 0.18%, 고토 0.5%, 망간 0.25%, 구리 0.06%, 아연 0.06%, 붕소 0.08%와 같으며, 피해 시 흉고직경 30 ㎝ 당 1병을 사용한다(한농화학, 2013).

건조 피해 반송 치료 작업

건조 피해 반송 수세회복 모습

맺음말과 해설

맺음말

본 연구는 저자가 지난 12년(2004~2015) 동안 수행한 총 123건의 호남지역 조경수의 피해 진단 및 방제 사례 중에서 48건을 선별하여 충해, 병해, 생리적 피해로 나누어 제시한 것이다. 제시된 사례 중에서 충해 18건, 병해(전염성 병) 18건, 생리적 피해(비전염성 병) 12건이다. 충해 중에서 천공성 충해 2건, 흡즙성 충해 8건, 식엽성 충해 3건, 충영형성 충해 5건이었고, 병해 중에서 침엽수 5건, 낙엽활엽수 10건, 상록활엽수 2건, 기타 1건이다. 생리적 피해(비전염성 병) 중에서 인위적 피해는 염해 피해, 토양 유실 피해, 토양 온도 피해, 대기오염 피해, 복토 피해, 이식 피해, 뿌리 절단 피해, 수피 훼손 피해로 9건이고, 토양적 피해는 건조 피해, 과습 피해, 노거수 동공 속 자식나무 살리기로 3건이다. 전체 연구대상에서 충해 37%, 전염성 병 37%, 비전염성 병 26%의 비율을 보였다.

국립산림과학원(이승규, 2013, 2014)에서 발표한 생활권 수목진료 민간컨설팅 사업 결과를 보면 원인별, 지역별 수목 피해 정도를 알 수 있다. 수목 피해를 원인별로 살펴보면, 2013년에는 충해 36.3%, 병해 17.6%, 생리적 피해 46.1%였고, 2014년에는 충해 51.2%, 병해 17.8%, 생리적 피해 31%여서 생리적 피해 보다 충해와 병해가 더 많았다. 또한, 지역별로는 표 15와 같이 2013년에 경남이 수목 피해가 가장 많았고 세종이 가장 적었다. 호남지역에서는 전남이 수목 피해가 가장 많았는데, 특히 충해 피해가 심한 편이다. 전북은 수목 피해가 중간 정도이고, 광주는 비교적 낮은 편이다.

출처: 국립산림과학원

지자체	병해	충해	관리부적정	기상적	물리적	생리적	생물적	생육환경	원인불명	인위적	계
경남	40	117	46	21	6	31	7	26	31	13	338
경기	41	95	16	6		5	2	8	16	17	206
전남	34	71	18	10	4	10	7	9	24	6	193
서울	48	64	18	12	1	6		3	18	5	175
부산	19	61	14	4	12	6	2	14	19	3	154
경북	17	48	22	15	2	12	1	7	9	12	145
전북	26	32	14	4	1	3	1	9	10	1	101
충북	20	37	5	9		3	1	7		9	91
울산	16	18	7		1	1	1	6	11		61
광주	7	7	3		3	1	1	2	10		34
인천	2	3	7	2	2	2		3	10		31
세종	1	6	2					1	1		11
계	271	559	172	83	32	80	23	95	159	66	1,540

표 15. 지자체별 생활권 수목피해 원인 (2013)

맺음말

표 16을 보면 2014년에 수목 피해가 서울이 가장 많았고 광주가 가장 적었다. 호남지역에서는 전북이 수목 피해 건 수가 가장 많았는데, 특히 병해 피해가 심한 편이다. 전남은 수목 피해 건 수가 중간 정도였다.

출처: 국립산림과학원

지자체	병해	충해	관리 부적정	기상적	물리적	생리적	생물적	생육환경	원인불명	인위적	기타	계
서울	129	376	68	94	2	24		33	8	9	2	745
강원	81	407	99	18	3	30	1	85		3	2	729
전북	145	293	59	19	7	1	10	20	6	13		573
경북	75	323	44	13	4	11	1	13	2	17	1	504
경기	101	215	37	26	8	8		15	5	25	6	446
경남	70	189	62	9		35	3	65		4	2	439
부산	90	220	39	14		42	1	7	1	4		418
전남	82	229	23	5	1	5		40	5	4	1	395
충북	48	175	30	29	5	31		36		12		366
인천	68	146	24	13	10	22		18	10	9	7	327
충남	35	150	45	11	5	11		32	2	10	1	302
울산	28	85	31	4	27	17		24	5	2	10	233
세종	44	73			2			2		2		123
대전	15	42						1	2	1	1	62
대구	10	18	11	4	3	1		8		3		58
제주	1	2	3	1		1		1		3	4	16
광주	2	2	3	1	1	1		1	1		1	13
계	1,024	2,945	578	261	78	240	16	401	47	121	38	5,749

표 16. 지자체별 생활권 수목피해 원인 (2014)

전국적으로 2013년 보다 2014년에 수목 피해가 크게 늘었는데, 호남지역의 수목 피해는 2013년 328건에서 2014년 981건으로 증가하였다. 전남은 2013년에 생물 피해가 7건으로 전국에서 가장 많았고, 전북은 2014년에 생물 피해가 10건으로 전국에서 가장 많았다. 11월 중순부터 이듬해 2월까지 휴면기 때 피해목 주변 생물 피해를 유발하는 식물을 제거하고, 방제를 통해서 피해를 줄일 수 있다.

충해는 천공성 충해, 흡즙성 충해, 식엽성 충해, 충영형성 충해로 나누었다. 천공성 충해는 나무 목질부를 직접 피해를 주기 때문에 농약이 독하고 방제가 어려운 점이 있다. 흡즙성 충해는 수목 피해에서 가장 많은 개체수를 보이는 미소 곤충들이다. 식엽성 충해는 차주머니나방이 있고 잎을 갉아먹기 때문에 화학적 방법을 주로 사용하고 있다. 충영형성 충해는 벌레가 혹을 만들어 그 안에서 피해를 준다. 우리나라는 적은 수의 해충을 박멸할 때도 주로 농약을 사용하는 경우가 많은데 경제적 방제의 관점에서 해충 피해가 70%를 넘었을 때 방제를 해야 가장 효과적이다. 그 안에 방제를 하면 많은 익충을 죽이는 부작용이 발생하여 결국 천적을 없애서 이후에 해충이 대발생할 수 있다. 따라서 효과적으로 농약을 활용하고 꼭 필요한 경우가 아니면 다른 대안을 찾아야 한다.

피해 / 연도	공동외과수술	복토피해	건조피해	토양답압피해	바다염분	염화칼슘	과습피해	고온피해	저온피해	폭설피해	폭우피해	토양환경피해-온도	약제피해	흰가루병피해
2004	○	○					○						○	
2005	○		○			○					○			
2006	○	○		○				○						○
2007	○		○						○	○		○		
2008	○	○			○		○				○		○	
2009	○			○								○		
2010	○	○				○		○		○		○		○
2011	○			○										
2012	○	○				○			○			○	○	
2013	○		○	○			○	○						
2014	○	○	○	○		○	○		○					
2015	○		○		○									
계	12	6	5	5	2	4	4	3	3	2	2	4	3	2

표 17. 수목 피해 진단과 처방에 관한 사례 연구 (1)

탄저병피해	녹병	적성병	공해피해	갈색무늬병	유리나방	응애	방패벌레	나무좀	큰팽나무이	느티나무외줄면충	제초제피해	하늘소	혹파리	토양유기물	계
															4
															4
										○				○	7
											○				6
															6
○		○													5
○															8
			○								○				4
				○									○	○	9
		○	○		○		○								9
	○	○		○		○		○	○			○			14
	○	○					○	○				○	○		9
2	2	4	2	2	1	1	2	2	1	1	2	2	2	2	85

표 17. 수목 피해 진단과 처방에 관한 사례 연구 (1)

피해 / 연도	진딧물	깍지벌레	복숭아혹진딧물	수간주사피해	낙뢰에의한피해	등빨간거위벌레	팽나무혹응애	팽나무알락진딧물	꽃매미	차주머니나방	느릅나무두줄제비나비붙이	때죽납작진딧물	수양버들잎혹벌	혹파리
2004														
2005				○										
2006														
2007														
2008			○											
2009		○												
2010		○		○										
2011	○							○		○				
2012		○												
2013		○		○										
2014					○									
2015						○	○		○		○	○	○	○
계	1	4	1	3	1	1	1	1	1	1	1	1	1	1

표 18. 수목 피해 진단과 처방에 관한 사례 연구 (2)

뽀족후박나무	소나무그을음병	측백나무잎마름병	소나무재선충병	음나무점무늬병	두릅나무줄기마름병	이태리포플러토끼털송편버섯	튤립나무세균성점무늬병	대기오염피해	이식피해	노거수공동속자식나무살리기	뿌리절단피해	갈색날개매미충	느티나무수피이식	계
								○		○				2
									○				○	3
											○			1
									○					1
											○			2
														1
○														3
									○		○			5
														1
	○		○	○										5
					○						○			3
		○				○	○					○		11
1	1	1	1	1	1	1	1	1	3	1	4	1	1	38

표 18. 수목 피해 진단과 처방에 관한 사례 연구 (2)

맺음말

농약은 빠르고 정확하게 해충을 방제하는 효과는 있지만, 인간과 가축에 대한 농약 잔류의 위험, 농약에 저항성이 있는 해충의 출현, 천적이 사라지게 되어 일어나는 해충의 돌발적 발생, 잠재 해충의 문제 해충화 등의 부작용이 있다(김 등, 2007). 이런 농약의 위험성이 알려지면서 생물적 방제에 대한 관심이 높아지고 있다. Driesche와 Bellows(1966)에 의하면 생물적 방제(천적 이용 해충 방제)가 크게 관심을 끌게 된 계기는 캘리포니아의 깍지벌레 방제를 위해, 깍지벌레의 원산지인 호주에서 천적 무당벌레를 도입하여 성공한 사례에 있다.

해충의 천적으로 포식동물, 기생성 동물, 병원미생물을 들 수 있다. 현재 한국에서 수목에 실용화할 수 있는 천적에는 해충을 잡아먹는 포식성 곤충, 해충체 내에 기생하는 병균과 곤충의 세 가지가 있다(이, 2015). 본 연구에서도 여러 가지 천적을 활용한 생물적 방제를 제시하였다. 꽃매미의 천적인 꽃매미벼룩좀벌, 갈색날개매미충과 진달래방패벌레의 천적인 풀잠자리와 거미, 때죽납작진딧물의 천적인 홍가슴애기무당벌레, 솔잎혹파리의 천적인 솔잎혹파리먹좀벌과 혹파리살이먹좀벌의 활용이 그 예이다.

특히, 순창군 적성면 때죽나무 군락지에서 때죽납작진딧물의 피해가 심했는데 천적인 홍가슴애기무당벌레 유충을 활용하여 방제에 큰 성과를 거두었다. 김 등(2007)에 의하면 이런 천적이 활동하기 좋은 온도는 12~13℃이고, 겨울철과 같은 저온 상태에서는 활동이 어렵다. 농약과 천적을 병행하여 활용할 때에는 농약의 사용량을 줄이면서 해충을 선택적으로 잘 죽이는 농약을 선별하여 사용해야 한다. 대부분 살균제와 탈피억제제계, BT계, 천연살충제 등이 천적에 해가 적다. 조경수에 피해를 많이 주는 해충은 응애와 진딧물이다.

먼저, 응애는 곤충이 아닌 거미류의 일종으로 잎과 줄기, 순 등을 갉아먹어 작물 생육에 막대한 지장을 주어 결국 고사시킨다(김 등, 2007). 응애는 크기가 매우 작아서 방제가 어려운데 천적인 칠레이리응애(1 a 당 600마리)를 12℃ 정도의 낮은 온도에서 활용해 생물적 방제를 실시할 수 있다. 진딧물은 매미목에 속하고 혹진딧물, 목화진딧물, 싸리수염진딧물, 감자수염진딧물이 있다. 성충은 유시충과 무시충이 있고 새끼가 4번 탈피하면 성충이 된다. 진딧물의 천적인 풀잠자리(1 a 당 2,000마리)를 35℃ 정도의 높은 온도에서 활용하고, 무당벌레(1 a 당 3,500마리)를 20~25℃ 정도의 온도에서 활용해 생물적 방제를 실시할 수 있다. 아직 우리나라에서 생물적 방제는 하우스나 온실 같은 시설이 갖추어진 곳에서 오이, 딸기 등에 제한적으로 활용되고 있다. 앞으로 생물적 방제에 대한 심도 있는 연구와 함께 다양한 사례가 공유되어야 한다.

전염성 병은 침엽수 병해, 낙엽활엽수 병해, 상록활엽수 병해, 기타 병해로 나누었다. 전염성 병에서 병해 진단의 대표적인 몇 가지 수목을 살펴보겠다. 소나무는 수목 중에서 병해가 가장 많은 수종으로 갈색무늬병, 그을음병의 피해를 입는다. 배롱나무 흰가루병은 우리나라의 건조한 날씨와 관련이 있는데 대부분 배롱나무가 흰가루병에 많이 전염된다. 중국단풍흰가루병은 국내에서 많은 피해를 주고 있지만 방제법이 거의 알려지지 않아서 어려움이 있었는데 트리아디메폰 수화제를 사용하여 어느 정도 회복이 되었다. 팥배나무, 모과나무, 향나무와 같은 기주의 방제가 앞으로 중요하다. 참식나무는 탄저병으로 피해를 입는데 참식나무 탄저병은 잘 알려져 있다. 느티나무갈색무늬병과 관련하여 해마다 번갈아가면서 갈색무늬병과 흰색무늬병의 발생이 거듭되고 있는데 여름에 발생하여 가을까지 피해를 주고 있다. 튤립나무 세균성점무늬병의 병원균을 광학 현미경으로 검경했을 때, 세균이 관찰되기는 하지만 아직까지 확실히 알려진 병원균이 없어서 방제에 어려움이 있었다. 2015년에 시행한 방제 작업에서는 수간삽입용 복합식물영양제와 조경용 막대비료를 사용해서 피해 수목을 상당 부분 회복시키는데 성공하였다. 하지만 근본적인 치료를 위해서 인체에 세균 치료제로 사용되는 테트라사이클린계 항생제인 옥시테트라사이클린(OTC) 수용액을 튤립나무점무늬병의 치료에 활용할 것을 제안한다. 나 등(2002)이 대추나무와 오동나무 빗자루병에 옥시테트라사이클린(OTC) 수용액을 사용하여 치료에 성공한 사례가 있다. 따라서 튤립나무점무늬병의 정확한 병원균은 동정되지 않았지만 광학 현미경으로 박테리아가 관찰되기 때문에, 항생제인 옥시테트라사이클린(OTC) 수용액을 튤립나무에 수간주입하여 튤립나무점무늬병을 치료할 수 있을 것이다.

현재 수목 병해에 대한 방제는 화학적 방법이 많이 쓰이고 있다. 수목의 병을 치료하는 일도 중요하지만 그 이전에 예방이 더욱 중요하다고 볼 수 있다. 그리고 이런 예방은 휴면기 때 이루어지는게 효과적이다. 휴면기인 12월~1월 사이에 피해 수목(상록수 제외)에 황나노를 250배액으로 희석하여 낙엽수 위주로 살포하도록 하였다. 친환경 방제는 도자비(원료: 피마자 추출물) 살균제나 제로팡(원료: 한약 추출물, 항균성 오일, 곰팡이 고급길항 미생물, 단백질 합성) 흰가루병을 살포하였다. 향나무 녹병에 식용유와 계란 노른자를 혼합한 난황유를 사용해서 소기의 목적을 달성하였다.

충해와 병해의 피해 사례 중에서 침입 병해충의 피해가 갈수록 심해지고 있다. 그 원인을 지구 온난화 현상에서 찾을 수 있는데, 온대지방의 7~8월 장마와 태풍이 줄고 봄부터 늦여름까지 이어지는 심한 가뭄과 가을의 잦은 비도 지구 온난화와 관련이 있다고 한다. 이런 기상의 변화가 병해충의 활동기간을 늘리고 난대성 곤충의 분포지역을 북쪽으로 확장시켰으며, 꽃매미나 갈색날개매미충 등의 개체수를 늘렸다.

침입 병해충의 원산지와 기주를 살펴보면, 솔잎혹파리의 기주는 소나무, 곰솔이고 피해지역은 전국에 걸쳐 있으며, 일본이 원산지로 1929년에 최초 발견되었다.

소나무재선충의 기주는 잣나무, 소나무, 곰솔이고 피해지역은 주로 남부지방이며, 북미가 원산지로 1988년에 최초 발견되었는데 근절되지 못하고 현재는 전국에 퍼지고 있는 상황이다. 꽃매미와 갈색날개매미충은 원산지가 중국인데, 꽃매미는 2006년에 최초 발견되었고 갈색날개매미충은 최근 들어 호남지역에서 많이 발생하고 있다. 꽃매미의 기주는 가죽나무, 참죽나무, 포도 등이고, 갈색날개매미충의 기주는 산수유, 감나무, 밤나무, 때죽나무, 단풍나무, 음나무, 버드나무 등이다. 두 병해충의 피해지역은 전국에 걸쳐 있다. 이상의 내용과 이(2003)가 제시한 내용을 종합해보면, 앞서 언급된 침입 병해충은 현재 전국적으로 피해가 늘어가는 중인데 원산지가 외국이라 대부분 천적이 없어서 급격하게 밀도가 높아지는 공통된 경향을 보이고 있다. 꽃매미, 갈색날개매미충, 솔잎혹파리, 소나무재선충 등 외국이 원산지인 침입 병해충의 피해가 갈수록 심해지고 있기 때문에 적절한 대책 마련이 시급한 상황이다. 가장 중요한 것이 천적인데 생태적으로 외계 생명체라 할 수 있는 침입 병해충들의 원산지에서 고유 천적을 찾아 국내에 들여와서 방사해야 한다.

비전염성 병은 인위적 피해, 토양적 피해를 제시하였다. 먼저, 인위적 피해로는 순천시 대대동의 염화나트륨에 의한 반송 피해 사례가 있다. 반송 식재시 물리적으로 염분을 차단하고, 모관수 차단, 화학적 차단, 염분용탈 효과 활용 등의 노력을 통해서 염화나트륨 피해를 줄일 수 있었다. 또한 도로변 옆에 식재된 튤립나무가 염화칼슘에 의해 피해를 입기도 하는데 도로변 수목을 보호하기 위해 염해에 강한 수종을 식재하고, 제설용 약재가 수목에 튀는 것을 방지하였다. 순창군청의 느티나무는 복토 피해를 입었는데 느티나무 근제부가 주차장이어서 아스팔트를 걷어내지 않고 느티나무 1 m 정도에 상식을 해서 복토 피해를 줄이도록 하였다. 복토가 된 경우, 공사 시기는 12월부터 다음해 3월까지가 가장 바람직하다. 공사시 기존 뿌리를 찾기 위해 복토에 의한 2차 세근을 모두 제거하기 때문에 이 과정이 피해 수목에게는 굉장한 부담으로 작용한다. 기존 뿌리에서 세근이 빨리 자라도록 하려면 부분 박피 처리, 뿌리 발근제 및 수간부 영양제 사용 등의 작업들이 이루어져야 한다. 공장지대에 있는 수목들 중 오존(O_3) 때문에 섬잣나무가 피해를 본 사례도 있었다. 섬잣나무가 오염에 약하기 때문에 다른 나무로 대체하여 식재하든지 아니면 기공 세척과 함께 칼륨을 살포하도록 하였다. 또한, 느티나무 노거수의 공동 속 아들나무 살리기 작업도 실시하였다. 그 외에 토양의 유기물 과소로 영양이 결핍되어 수세가 약화된 해안가 해송림의 토양 이화학성을 개선하였다. 토양에 고온과 저온 반복에 의한 느티나무의 피해도 있었는데 뿌리의 발근, 생장은 토양 온도와 밀접한 관계가 있어서 적절한 토양 온도를 유지해야 한다. 복토로 인한 피해는 복토가 토양의 산소, 온도, 수분에 영향을 미쳐서 발생했고, 이식 피해는 급작스런 환경 변화와 이식시 뿌리 절단으로 많이 발생하였다. 적재적소가 아닌 곳에 수목을 식재했을 때도 피해가 나타나는데 그 나무가 가지고 있는 양수, 음수, 반음수적 특성이 해당 장소에 적합한지 따져봐야 하고(이, 2013), 침엽수와 낙엽수들이 자생할 수 있는 토양인지 살펴보아야 한다.

그리고 사람이 수목에 직접적으로 피해를 입힌 경우가 있었다. 느티나무가 크게 훼손되어 조사해보니, 농부가 개인 농작물에 그늘을 만든다는 이유로 피해 수목의 수피를 크게 훼손하고 제초제까지 살포한 사례였다. 수피가 넓은 부위에 걸쳐 환상박피되어 일반적인 방법으로는 소생하기 어렵다고 판단하여, 제거된 수피의 크기에 맞춰 재단한 수피 조각들을 수피 훼손 부위에 둘러 가면서 이식하는 수피이식을 실시하였다. 10년이 지난 후에 이식 결과를 최종적으로 확인해 보니, 이식한 수피 9조각 중 2조각이 완전히 흡착되고 새로 생긴 나이테가 선명하게 관찰되었으며, 나무활력도가 Shigometer에서 81.4 kΩ으로 아주 건강한 상태였다. 이렇게 방수처리에 의한 수피이식이 성공한 사례는 국내에 전무한 상태이다. 향후에 이와 유사한 이식 작업을 한다면, 기존 이식 작업을 더욱 보완하여 상처 부위 전체에 보습제를 충분히 사용하고, 피해 수목의 상처 부위에 다른 수목에서 벗겨낸 비슷한 두께의 건강한 수피를 사용하면 더욱 좋겠다.

다음으로, 토양적 피해에는 식양토에 식재된 느티나무가 과습 피해를 본 경우가 있었는데, 토양에 수분이 많아서 뿌리 호흡과 흡수에 지장을 주어 수목이 쇠약해졌다. 수목을 식재하기 전에는 배수 시설을 하거나 토질을 개량하여 과습 피해를 예방할 수 있지만, 이미 식재된 수목에 대한 조치로는 이식이 가장 현실적인 방법이다. 이식을 위해 굴취할 수목은 이식하기 1년 전에 미리 지주목 4군데를 고정시킨 후 뿌리돌림을 해줘야 새 뿌리가 돌출되어 이식을 통한 회생 작업이 성공을 거둘 수 있다. 이식 후에는 영양제 수간주사, 제4종 복합비료와 엽면시비를 충분히 살포하여 생육을 촉진시켰다. 또한 과습 피해에서 회복을 촉진하는 방법으로 구멍난 PVC를 활용한 자연증발 공법, 습기를 직접적으로 흡수하는 염화칼슘 공법이나 숯·맥반석 공법 등이 있다. 순창군청의 반송은 건조 피해를 입었는데 겨울부터 봄, 여름으로 이어진 심한 가뭄으로 인해 피해가 상당히 심하였다. 피해 수목은 장기간 건조피해를 받고 있었는데 분을 지표면에서 높이 식재한 것이 피해를 부추기고 있었다. 영양제 수간주사와 제 4종 복합주사를 놓고 0.1% 정도로 요소 엽면시비를 했으며, 낮은 유속으로 12시간 이상에 걸친 충분한 관수처리를 통해서 피해 수목을 회복시켰다. 토양의 수분이 과다하여 발생하는 과습 피해는 느티나무 뿌리의 흡수작용 저하로 수세를 쇠약하게 만들었다. 우리 나라가 물부족 국가로 분류되고 남부지방은 아열대기후가 되어 가고 있는 상황에서 건조와 과습에 대비해 수목의 적정 수분 유지에 관한 연구와 더불어 피해 수목의 회복에 관한 사례가 더욱 일반화 되어야 한다.

이(2015)에 의하면 수목은 자라는 동안 병해충, 동물 혹은 인간에 의해 각종 상처를 입는다. 작은 상처를 입었을 때는 자기방어능력에 의해 자연적으로 상처치유가 되지만, 상처가 클 때는 목질부가 부패하면서 구멍이 커져 공동으로 진전된다. 이 때 필요한 것이 외과수술인데 제대로 실시하면 좋은 효과를 보지만 부실하게 하면 오히려 습기에 의한 부패를 초래할 수 있다. 유럽, 일본 등에서는 공동을 인위적으로 충전하지 않고 간단히 외과수술을 끝내는 반면, 우리나라는 공동에 우레탄을 충전하고 인공수피를 씌워서 미관상 아름다움을 추구하는 추세이다. 노거수의 외과수술시 공동의 크기가 작을 때는 우레탄 충전이 크게 상관이 없지만, 공동의 크기가 0.5 ㎥ 이상일 때는 우레탄 충전 후 관리가 어렵다고 본다. 오랜 시간 살아온 노거수는 천공성 해충 피해로 인한 미세 틈이 존재하기 마련이고, 이 틈을 통해 내부로 물이 들어가 더 습해져 부패가 진행되어 버리기 때문이다. 따라서 공동의 크기가 0.5 ㎥ 이상일 때는 공동 내 썩은 조직을 걷어낸 후 자연스럽게 건조가 되도록 비워두고, 공동외곽을 막아주는 방법(메탈리스트, 고정핀, 철판, 인공수피, 착색수피 사용)을 활용하면 좋겠다. 이 방법은 공동의 통기성을 확보하면서 천공성 해충으로 인한 틈을 막아주며, 수목이 능동적으로 면역력을 키울 수 있는 환경을 조성해준다.

감사의 글

두려움 반 설렘 반으로 순천대학교 대학원에서 식물의학전공을 시작하여 2015년에 박사 학위를 취득하였습니다. 이를 토대로 올해 여름 '병해충생리장애 방제도감'을 공저하여 출판하였고 이제 두 번째 책을 출판하게 됩니다.

2011년 박사 과정을 시작할 때부터 지금까지 식물의학에 무지했던 저에게 애정 어린 지도로 가르침을 주신 지도교수 고영진 박사님께 깊은 감사를 드립니다. 이 분야를 연구하는데 도움을 주신 산림과학원 김경희 박사님, 고상현 박사님, 서울대학교 명예교수이신 나용준 박사님, 이경준 박사님께 감사의 인사를 올립니다. 또 여러 가지 지원으로 도움을 주신 박서기 교수님, 홍기정 교수님과 병원균 동정 작업 전반에 걸쳐 도움을 주신 김경희 박사님, 수목병 실험에 도움을 주신 고영진 식물병원의 여러 학우들께도 진심으로 감사드립니다. 처음부터 끝까지 곁에서 격려해주신 김도균 교수님, 나경주 사장님, 박종식 선생님, 배영환 교수님, 위계룡 원장님, 홍기진 사장님, 김호근 과장님, 조운성 사장님께도 감사의 말을 전합니다. 늦은 나이에도 식물의학 연구를 진행 중인 저에게 불편함이 없도록 항상 잘 대해준 아내와 딸, 사위, 아들, 며느리에게 감사하고, 재롱으로 할아버지의 피로를 잊게 해준 손녀, 손자들에게도 고마움을 전합니다.

이 책이 앞으로 식물의학을 연구하려는 사람들에게 조금이라도 도움이 되길 바랍니다.

끝으로 어려운 여건속에서도 두번째 책 발간을 위해 애써주신 학술정보센터 황현호 대표와 임직원 여러분의 노고에 심심한 감사를 드립니다.

참 고 문 헌

Agrios, G. M. 1997. Plant pathology. 4th Ed. Academic Press. San Diego, CA. USA. pp. 225-470.

Driesche R.D. vam, and T.S Bellows. 1996. Biological control. Chapman & Hall. 539 pp.

Ellis, M. B. 1971. Dematiaceous Hyphomycetes. Commonwealth Mycological Institute. Kew, Surrey, England.

Gibbs M, Schonrogge k, Alma A, Melika G, Quacchia A, stone GN, Aebi A(2011) Torymus sinensis: a viable managemant option for the biological control of Dryocosmus kuriphilus in Europe? Biocontrol 56: 527-538.

GUBA, E.F. 1961. Monograph of Monochaetia and Pestalotia. Harvard University Press, Cambridge, MASS, USA. p. 342.

Lotka, A. J. 1925. Elements of physical biology. williams and wilkins, Baltimore. Reprinted as Elements of mathematical biology. 1956. Dover, New Yo가. 465 pp.

Mordue, J. E. M. 1971. cmI Description of Plant Pathogenic Fungi and Bacteria No. 315. Commonwealth Mycological Institute, Kew, Surrey, England.

山本光二. 2007. 樹醫医を夢見るあなたに. 181 pp.

강전유, 이상길. 2008. 나무의 피해 진단 및 치료. p. 70.

강전유, 이상길, 박형기, 이용규, 정호성, 김철웅. 2008. 나무 병해 도감. 소담출판사. p. 288.

강전유, 이상길, 박형기, 이용규, 정호성, 김철웅. 2008. 나무 해충 도감. 소담출판사. p. 328.

강전유. 2011. 수목의 피해 진단과 처치 실무. 한국수목보호연구회학술지 16: 6-12.

강전유. 2014. 생활권 수목진료 컨설팅. 문원출판사. pp. 2-3.

고영진. 2012. 친환경 농업. p. 18.

김경희, 서상태, 오은성, 이상현, 이승규, 신상철. 2007. 향나무 녹병. 침엽수 병해 도감. pp. 86-87.

김용헌, 김정환, 변영웅, 최병렬. 2007. 천적 이용 가이드. 198 pp.

김지훈. 2012. 춘천시 도시림의 효율적인 조성 및 이용관리 방안. 강원대학교석사학위논문. pp. 1-2.

참고문헌

김정태. 2013. 생활권 수목 진료 컨설팅. 한국수목보호협회. 2:10.

김종갑. 2013. 생활권도시림의 농약사용과 수목진료제도에 대한 연구. 서울시립대학교석사학위논문. 121 pp.

김종국. 2015. 수목진료 컨설팅. 15 pp.

김철수, 정영진, 이상길, 김경희, 최광식, 박일권, 이상명, 정차식, 류정기, 신상철. 2004. 소나무 재선충병. 국립산림과학원. 16 pp.

나용준, 신현중, 이종규, 차병진. 2002. 수목병리학. 향문사. 346 pp.

나용준, 우건석, 이경준. 2009. 조경수 병해충 도감. 서울대학교출판문화원. 578 pp.

문성철, 이상길. 2014. 나무 병해충 도감. 자연과생태출판사. p. 879.

문화재청. 2010. 문화재청 식물표준품셈. 12 pp.

박현준. 2014. Green dream & Blue pridle. PURUMBIO. 35 pp.
솔뫼. 2013. 버섯대사전. 동학사. 625 pp.

신상철, 최광식, 최원일, 정영진, 이상길, 김철수. 2008. 신산림 해충 도감. 국립산림과학원. 450 pp.

신창훈. 2002. 제주도 관광지의 식생에 따른 수목해충과 구과해충에 대한 약제방제 효과. 경상대학교박사학위논문. 88 pp.

신현동. 1998. 유용 자원 식물의 진균성 신병해. 한국식물병리학회지. p. 59.

심재영. 2015. 수목 보호제. p. 27

이경준. 2013. 수목 생리학. 서울대학교출판문화원. 420 pp.

이경준. 2015. 수목의학. 서울대학교출판문화원. 446 pp.

이경준, 이승제. 2003. 조경수식재관리기술. 서울대학교출판문화원. 447 pp.

이범영, 정상배. 2002. 온실효과 가스. 산림보호. p. 3.

이범영, 정영진. 2003. 한국수목해충. p. 177.

이범영. 2003. 조경 수목의 해충 방제. 139 pp.

이상현, 김경희, 서상태, 황명수, 이욱, 신현동, 신상철. 2009. 조경수 · 특용수 병해 도감. 국립산림과학원. p. 44.

이상현, 이승규, 서상태, 김경희, 박지현, 신현동. 2011. 활엽수 병해 도감. 국립산림과학원. p. 110.

참고문헌

이승규. 2014. 생활권 수목 진료 컨설팅. 문원출판사. pp. 18-19.

이승규, 2014. 수목보호 제19호: 2013년도 생활권 수목진료 민간 컨설팅 사업 결과 분석. 국립산림과학원. p. 72.

이승규. 2015. 수목보호 제20호: 2014년도 생활권 수목진료 민간 컨설팅 사업 결과 분석. 국립산림과학원. p. 68.

이승제. 2004. 활력도 및 생육환경 분석을 통한 노거수 관리 방안. 상명대학교박사학위논문. 139 pp.

이주나, 박찬수. 2010. 건축과 구조. 기문당. 224 pp.

이희봉. 1998. 노거수의 보호실태와 치료방법에 관한 연구. 고려대학교석사학위논문. p. 1.

임언택, 이준호. 2015. 식물해충학. 259 pp.

장명준. 2003. 노거수 생육환경 및 보호에 관한 조사연구. 공주대학교석사학위논문. 92 pp.

정영호, 김장혁, 김정환, 이영득, 임치환, 허장현. 2004. 살균제의 분류-최신 농약학. 시그마프레스출판사. pp. 188-189.

전치성. 도라지와 더덕 뿌리 썩음병균의 분리 · 동정 및 방제 약제 선발. 순천대학교석사학위논문. 42 pp.

전현미. 2012. 지치 뿌리 썩음병균의 분리 · 동정 및 발생 실태 조사. 순천대학교석사학위논문.

차병진. 2003. 환경이상과 식물장해. 122 pp.

최원일, 최광식, 신상철. 2007. 꽃매미. 국립산림과학원. 7 pp.

최용문, 김동순, 이중섭, 전흥용, 한경숙, 조명래, 이봉춘, 최국선, 김창효. 2005. 병해충 방제 도감. p. 73.

최호필. 2015. 토끼털 송편버섯. 버섯대도감. p. 623.

한국식물병리학회. 2009. 한국식물병명목록 제 5판. 한국식물병리학회. p. 835.

한농화학. 2013. 제 4종 복합비료.

한태원. 2010. 농약 사용 지침서. 한국작물보호협회. p. 363.

용 어 해 설

간모(幹母, stem mother) 진딧물의 월동란이 봄에 부화하여 발육한 어른벌레로 날개가 없이 단위생식으로 새끼를 낳는 암컷.

간상(稈狀, rod) ① 세균 형태의 일종으로 짧은 원통형을 말한다. ②막대기 모양

갈변(褐變, browning) 잎이나 줄기가 갈색으로 변함.

감로(甘露, honeydew) 흡즙성 곤충들(진딧물, 깍지벌레, 매미충, 멸구 등)이 식물의 잎에 배설해 놓은 액체성 배설물로 당분이 많이 들어 있어 단맛이 난다.

강모(剛毛, seta) ①탄저병균에서 일반적으로 볼수있는데 포자층에서 형성되는 암갈색 내지 흑색 바늘 모양의 구조. ②곤충의 몸에 난 센털.

강장제(强壯劑) 뼈대가 강하고 혈기를 왕성하게하는 약제.

개체군(個體群, population) 어느 지역에 서식하는 한종의 개체들의 모임.

갱도(坑道, mine) 굴파리나 굴나방 같은 천공성 해충에 의해 만들어진 굴.

검상문(劍狀紋, basal strek) 나비목 곤충의 날개에 있는 칼 모양의 무늬.

격막(隔膜, septum) 곰팡이 균사 혹은 포자의 세포 경계막.

격발(激發, resurgence) 약제 살포후 해충 개체군의 밀도가 살포전 보다 급격히 증가하는 현상.

겹눈(複眼, compound eye) 많은 낱눈이 벌집 모양으로 모여서 이루어진 눈.

고사(枯死, drying) 잎이나 줄기가 말라죽은 상태.

고엽(枯葉) 말라서 생명력이 없는 잎을 말한다.

곡과(曲果, bended fruit, curved fruit) 과일에 굴곡이 나타나는 현상으로 특히 오이 같은 박과류 작물에서 흡즙성 해충의 가해로 인하여 일어나며 상품성이 없다.

관주(灌注, drench) 토양이나 나무에 구멍을 뚫고 약액을 주입하는 살포법.

광식성(廣食性, polyphagous) 생물이 섭취하는 먹이의 선택범위가 넓은 성질을 갖는 것.

괴저(壞疽, necrosis) 살아 있는 생물체의 일부 기관이나 조직이 죽어서 나타나는 증상.

교미교란(交尾攪亂, mating distruption) 곤충의 정상적인 교미가 일어나지 못하도록 방해함으로써 알의 수정률을 저하시키는 현상.

교차저항성(交叉抵抗性, cross resistance) 한 약제에 저항성인 생물이 다른 약제에 대해서도 저항성을 나타내는 현상.

구기(口器, mouthparts) 곤충 머리부위의 앞쪽 아래 부위에 있다. 윗입술, 큰턱, 아랫입술, 아래인두로 되어 있으며 음식물을 섭취하고 씹어 삼키는 일을 하는 소화기관의 총칭.

균사(菌絲, hypha) 곰팡이의 균사체중에서 한가닥 실 모양의 구조를 말한다.

균총(菌叢, colony) 세균 혹은 효모 등의 증식한 개체군락이나 곰팡이의 균사체 생장군락을 말한다.

균핵(菌核, sclerotium) 곰팡이의 균사체가 뭉쳐서 단단하게 생긴 조직의 덩어리로 구형 내지 편구형 혹은 부정형 등으로 보인다.

그램염색(gram staining) 세균 세포벽 구조의 차이에 따라 세균을 분류하는 중요한 수단으로 염색을 하면 양성균은 청색을 음성균은 적색을 띤다.

용어해설

기생봉(寄生蜂, parasitic wasp) 생활사의 일부 기간동안 기주에 기생하여 생활하는 벌류의 총칭.

기주(寄主, host) 어떤 종의 생물이 다른 생물로부터 양분을 섭취하면서 자라는 것을 기생이라 하며 이때 양분을 빼앗기는 쪽을 말한다.

기주범위(寄主範圍, host range) 병원체, 해충 등 기생자에게 공격받는 기주의 범위.

난괴(卵塊, egg mass) 덩어리로 산란된알. 알덩어리.

난균문(卵菌門, Oomycota) 크로미스타계의 미생물로서 유성생식 기관인 장란기와 장정기가 접합하여 난포자를 형성하는 균류의 분류군.

난포자(卵胞子, oospore) 구형, 후막의 단세포로 되어 있으며 장란기와 장정기의 접합에 의하여 형성된 생식기관의 일부.

날개맥(翅脈, wing vein) 유시곤충의 날개에 있는 분기한 맥으로서 곤충분류에 이용된다.

넓적다리마디(腿節, femur) 곤충의 허벅다리 부분의 마디. 곤충의 다리중 3번째 부분으로 가장 크고 넓다.

노숙유충(老熟幼蟲, full-grown larva) 완전히 성숙한 애벌레로 번데기가 되기전의 상태. 다 자란 애벌레.

노엽(老葉, old leaf) 오래된 잎으로 생명력은 있는 잎으로 생명력의 유무로서 고엽과 노엽의 구분 가능.

단독(丹毒) 피부 또는 점막의 다친곳에 화농균이 침입하여 생기는 급성 전염병.

단성생식(單性生殖, parthenogenesis) 단위생식. 처녀생식. 수정하지않고 난자가 발생하는 일. 한쪽의 성만으로 새로운 세대가 발생하는 생식방법.

담자균문(擔子菌門, Basidiomycota) 곰팡이의 일종으로 유성세대로서 담자기를 형성하고 그 위에 담자포자를 형성하는 균류의 분류군.

담자기(擔子基, basidium) 담자균의 담자포자를 형성하는 구조로서 보통 3-5개의 소병(小柄)을 가지고 있다.

담자포자(擔子胞子, basidiospore) 담자균이 형성하는 유성포자로서 담자기의 소병에서 형성되며 대부분 무색 단세포, 타원형 내지 계란 모양이다.

대형분생포자(大型分生胞子, macroconidium) Fusarium속균의 경우 소형 분생포자에 비교하여 모양이 초생달 같이 생기고 몇 개의 격막을 가진 큰 분생포자를 말한다.

더듬이(antenna) 촉각. 절지동물의 머리 끝부분에 있는 한쌍의 감각기관으로서 가장 많은 정보를 받아들이는 부분.

동포자(冬胞子, teliospore) 담자균문에 속하는 녹병균 등이 주로 가을과 겨울에 걸쳐 형성하는 포자로서 월동후 발아하여 소생자를 형성한다.

로젯트(rosette) 절간의 신장이 거의 없고 초장이 짧고 분얼이 증가하는 생육상태를 가르키는 경우가 많다.

무시충(無翅蟲, apterous form, wingless insect) 날개가 없는 암컷 성충(진딧물에서는 산란성의 암컷에 대해 흔히 쓰임).

밑마디(基節, coxa) 거미류와 몇몇 다른 절지동물의 다리 마디중 몸에 가장 가까운 관절. 다리중 첫 번째 마디로서 가슴에 부착되는 부분.

반점(斑點, spot) 잎의 군데군데에 본래의 잎 색이 아닌 다른 색으로 변하여 무늬처럼 나타나는 것으로 모양은 원형, 다각형 등 여러 가지가 있고 색에 따라서 갈색반점, 백색반점, 황색반점 등으로 구분된다. 크기에 따라서도 소반점, 대반점

등으로 불린다.

발목마디(跋節, tarsus) 곤충 다리의 발목에서 발톱까지 발등부분의 마디. 다리중 가슴에서 가장 멀리 떨어진 5번째 마디.

발육영점온도(發育零點溫度, developmental zero temperature) 발육이 처음으로 시작되는 이상적인 온도로서 같은 곤충에서도 각 태에 따라 차이가 있다.

백화(白化, chlorosis, bleaching) 잎에서 엽록소가 없어져서 백색에 가까운 색으로 변함.

변태(變態, metamorphosis) 양서류, 갑각류, 연체동물, 극피동물, 환형동물 등의 동물이 알부터 어른이 되어 가는 과정에 몸의 형태가 현저하게 바뀌는 것으로 곤충의 경우 알에서 애벌레, 번데기, 어른벌레로 변태하는 것을 완전변태라 하고 번데기 시기를 거치지 않는 것을 불완전변태라고 한다.

변형균문(變形菌門, Myxomycota) 원생동물계 균류의 일종으로 자실체로서 세포벽이 없는 다핵의 부정형 변형체를 형성하는 균류의 분류군.

변형체(變形體, plasmodium) 변형균이 형성하는 영양체로서 세포벽이 없는 다핵의 원형질체를 말한다.

병원성(病原性, pathogenicity) 병원체가 지니고 있는 병을 일으키는 성질.

병자각(柄子殼, pycnidium) 균사에서 암갈색 내지 흑색의 구형 혹은 편구형의 자실체가 생긴 다음 각벽에 분생자경이 발달하여 병포자를 형성하는 번식기관.

병징(病徵, symptom) 병에 의한 식물체 외관상의 모양 및 색깔.

병포자(柄胞子, pycnidospore) 병자각내에서 형성된 포자.

봉입체(封入體, inclusion body) 바이러스 감염에 의해 세포 내에서 형성되는 이상구조

부속사(附屬絲, appendage) 자낭각, 분생포자, 병포자 등에 붙어 있는 부속기구.

부화(孵化, hatching) 알에서 배자가 발육을 마친후 애벌레로 탈출하는 현상.

분생포자(分生胞子, conidium) 무성생식의 결과로서 형성되는 포자.

불완전균(不完全菌, mitosporic fungi) 완전세대 혹은 유성세대가 알려지지 않은 무성세대의 진균.

불완전세대(不完全世代, anamorph) 곰팡이가 무성포자 즉 분생포자를 형성하거나 포자를 형성하지 않는 상태의 세대.

불임충(不姙蟲, sterile insect) 생식 능력이 없는 벌레.

비래량(飛來量, number of immigrants by flight) 날아서 들어오는 양.

비순환형전염(非循環型傳染, non-circulative transmission) 바이러스가 짧은 기간 동안 곤충체내에 존재하며 매개충에 의해 흡즙된 후에는 잠복기간 없이 바로 다른 식물체로 옮겨지는 것.

뿌리혹균문(根瘤菌門, plasmodiophoromycota) 원생동물의 일종으로 기주세포내에서 균사없이 다핵의 부정형 변형체를 형성하는 균류의 분류군.

뿔관(角狀管, cornicle) 진딧물류에 있어서 복부 등쪽 끝에 한 쌍의 작은 뿔 모양의 관이 밖으로 튀어나와 있는 것으로 감로가 배설되는 부분.

선택독성(選擇毒性, selective toxicity) 약물이 생물의 종류에 따라서 다른 강도의 독성을 나타내는 것.

성충(成蟲, adult) 곤충의 발육에 있어서 변태를 마친 최후 단계로서 성적 발달을 마친 것을 뜻하며 성충이 되는 방법을 성충화라한다.

성페로몬(sex pheromone) 페로몬의 일종으로 곤충의 체내에서 생산되어 체외로 배출되어 같은종의 다른 성에 특이한 반응이나 행동을 유발시키는 물질.

소생자(小生子, sporidium) 녹병균목이나 깜부기병균목에 속하는 담자균의 동포자가 월동후 발아하여 나온 전균사에서 형성된 포자.

소형분생포자(小型分生胞子, microcondium) 후자리움속균의 경우 대형분생포자에 비교하여 크기가 작고 격막수도 적은 분생포자.

수공(水孔, hydathode) 잎의 일부가 변형된 것으로 보통 목부(木部)를 통한 수분이 잎 표면에서 나갈수 있도록 잎가에 발달되어 있다. 수분이 분비되는 열린 부위로서 개폐기능이 있다.

수포자(銹胞子, aceiospore) 녹병균의 소생자가 유성세대로서 형성한 포자.

순환형전염(循環型傳染, circulative transmission) 바이러스가 곤충 체내에서의 잠복기간이 대체적으로 길고 탈피에 의하여 바이러스의 매개력을 잃지 않는것.

식흔(食痕, feeding trace) 벌레가 먹은 흔적.

신상문(腎狀紋, reniform stigma) 나비목 곤충의 날개에 있는 콩팥모양의 무늬

신초(新梢, shoot) 새로 나온 가지.

약충(若蟲, nymph) 곤충류의 불완전 변태는 알, 유충,성충으로 변태하는데 이때의 유충을 말한다. 완전변태의 경우에는 유충이라하며 번데기 시기를 거치지않는 불완전 변태류에서는 알과 성충 사이에 있는 생육단계.

양성생식(兩性生殖, bisexual reproduction) 유성생식의 일반적인 유형으로 양성의 배우자를 융합 수정하는 생식계를 말한다.

연용(連用, successive application) ①해마다 또는 작기 마다 어떤 물질을 계속 시용하는 것. ②연속해서 동릴한 약제를 사용하는 것.

연작(連作, continuous cropping) 이어짓기. 한땅에 같은 작물을 해마다 계속해서 재배하는 것.

염주상세포(念珠狀細胞, monilioid cell) 실로 꿴 염주 모양의 균사세포.

엽맥간(葉脈間, intervein) 잎에는 도관이 연결되어 있는데 이것을 엽맥이라고 부르고 있으며 엽맥과 엽맥사이를 엽맥간이라고 말한다.

예찰(豫察, forecasting) 병원균, 해충의밀도, 현재의 발생상황, 작물의 생육 상태, 기상예보 등을 고려해서 병해충 발생이 어떻게 변동될지 앞으로의 진행상황을 미리 예측하는 것.

완전세대(完全世代, teleomorph) 곰팡이가 유성포자 즉 자낭포자 혹은 담자포자 등을 형성하는 상태의 세대.

왜화(矮化, dwarf) 작물체 주로 줄기의 절간 신장이 억제되어 생육이 느리거나 정체된 상태로 위축과 거의 같은 의미로 사용하고 있으나 일반적으로 위축은 병적인 증상을 가리키는 일이 많다.

용화(蛹化, pupation) 곤충의 유충이 탈피하여 번데기가 되는 것.

우점종(優占種, dominant species) 한 지역에서 가장 많이 존재하여 전체의 상을 결정하는 개체군으로 미기상이나 토양 상태 등 그 지역의 환경에 가장 잘 적응한 집단이라 할수 있다.

우화(羽化, emergence) ①성충체가 완성되어 탈피하여 성충이 되는것.②유충기와 번데기 기간이 지나 날개가 생기며 성충이 되는 과정을 말한다.

월동(越冬, hibernation) 겨울을 나는 것.

월동태(越冬態, hibernating stage) 생물이 겨울을 나는 발육단계. 곤충의 태에 따라 월동란, 월동유충, 월동번데기, 월동성충으로 나눌수 있다.

위조(萎凋, wilting) 수분 부족 상태에서 나타나는 것처럼 잎이나 줄기가 시들시들하여 보이는 상태.

유시충(有翅蟲, alate form) 날개가 있는 성충.

유정(遺精) 성행위가 없이 자는 사이에 정액이 나오는 일.

유주자(遊走子, zoospore) 유주자낭에서 형성된 포자로서 1-2개의 편모를 가지고 있으며 운동성이 있다.

유주자낭(遊走子囊, zoosporangium) 유주자를 내생하는 생식기관의 일부로서 균의 종류에 따라 구형, 원통형 등의 모양을 하고 있다.

유충(幼蟲, larva) 곤충에서 형태학적 발달의 초기로 알에서 깨어난 어린 애벌레로 알과 번데기 사이의 발육단계.

유효적산온도(有效積算溫度, effective accumulated temperature) 생물이 일정한 발육을 완료하기까지 필요한 총온열량(總溫熱量)으로 기온에서 발육 영점온도를 제외한 값을 일정기간 동안 합한 것으로 보통 일평균 기온에서 계산하며 기간은 작물의 생육기간, 일년간 등을 택해 계산한다.

윤작(輪作, rotation) 돌려짓기. 한 포장에서 몇 가지 작물을 특정한 순서로 규칙적으로 반복하여 재배해 나가는 것.

이차감염(二次感染, secondary infection) 병원체가 일차감염후 증식과 이동에 의하여 일어나는 그 후의 감염.

일차감염(一次感染, primary infection) 병원체의 감염과정에서 일반적으로 병원체가 처음으로 식물체의 어느 부분을 침입하는 것.

자낭(子囊, ascus) 자낭균의 포자가 들어있는 주머니로서 내부에 보통 8개의 자낭포자가 들어 있다.

자낭각(子囊殼, perithecium) 자낭균의 암갈색 내지 흑색의 자실체로서 각벽은 위조직으로서 1~수개 층의 후막세포로 되어 있다.

자낭균문(子囊菌門, ascomycota) 곰팡이의 일종으로 유성생식 기관으로 자낭을 형성하고 그 내부에 자낭포자를 형성하는 균류의 본류군.

자낭반(子囊盤, apothecium) 술잔 모양으로 생긴 자낭이 형성되는 자낭과.

자낭포자(子囊胞子, ascospore) 자낭균이 자낭에서 형성하는 유성포자.

자모(刺毛, guard hair) 곤충의 몸 표면에 나 있는 털.

자웅동체(雌雄同體, hermaphroditism) 한개의 동물 개체중에 암수의 형질이 함께 발달하는 현상.

잔류(殘留, residue) 어떤 성질이 남는 현상.

잠복기(潛伏期, incubation period) 병원체의 기주체 침입으로부터 병징이 나타날 때가지의 기간.

저항성(抵抗性, resistance) 외부적인 스트레스에 대하여 하나의 유기체가 견디는 힘. 병해충에 대한 기주의 견디는 힘으로 절대적인 개념이 아니고 상대적인 개념에서 비교된다.

전반(傳搬, dissemination) 병원체가 기주로 옮겨지는 것을 말하며 포자의 발아 침입 및 감염은 포함되지 않는다.

전연(前緣, anterior margin) 곤충의 각 마디 또는 각 부속기의 앞가장자리 부분.

점각(點刻, punctation) 점 모양으로 돌출하거나 침강된 무늬.

접합균문(接合菌門, zygomycota) 곰팡이의 일종으로 유성생식기관인 배우자낭이 접합하여 접합포자를 형성하는 균류의 분류군.

접합포자(接合胞子, zygospore) 접합균이 배우자낭의 접합에 의해서 형성된 유성포자.

정자낭(精子囊, sperm sac) 정자를 저장하는 주머니.

종경막(縱膈膜, longitudinal septum) 분생포자의 세포내 세로막.

종합적 해충관리(綜合的害蟲管理, Integrated pest management; IPM) 모든 방제 수단을 이용하여 해충밀도를 경제적 피해 수준 이하로 억제 유지하는 것.

주모(周毛, peritrichous flagella) 세균의 세포 주위에 여러개의 편모가 형성된 것.

중맥(中脈, medial vein) 곤충 날개의 시맥에 있어서 제4종맥.

즙액전염(汁液傳染, sap transmission) 병걸린 식물의 즙액에 함유되어 있는 바이러스가 건전식물의 상처를 통해 들어가 감염을 일으키는 것.

지제부(地際部) 줄기의 지표면에 닿아 있는 부분.

집락(集落, colony) 하나의 세균 세포에서 분열되어 형성된 세균 덩어리.

천적(天敵, natural enemy) 어떤 생물이라도 한 종류의 개체수가 어느 한도 이상 넘어서지 않도록 증식을 억제하는 환경 저항이 있게 마련이며 이 환경 저항 가운데 생물적 인자 즉 기생성곤충, 포식성곤충, 포식성 동물, 기생균, 미생물, 바이러스 등을 총괄하여 부르는 이름.

최성기(最盛期, peak) 가장 번성한 시기.

탈피(脫皮, ecdysis) 큐티클성 외피를 가진 곤충이 성장 과정에서 오래된 외피를 벗는 현상으로 전흉선에 의하여 일어나고 외피, 전장, 후장, 기관내막 등에서도 일어남.

태(態, stage) 발육단계 중의 각 단계.

태생(胎生, viviparity) 배자가 암컷의 몸안에서 발육을 마치고 알 대신에 새끼를 낳는 현상.

파상문(波狀紋, undulate streak) 나비목 곤충의 날개에 있는 물결 모양의 무늬.

편모(鞭毛, flagellum) 세균의 외부 구조로서 아주 가느다란 실 모양이며 운동성을 가지고 있다. 보통 세균의 길이보다 3-5배 길며 세균의 종류에 따라서 한 개의 편모를(단극모) 갖는 것과 여러개의 편모가 한쪽 끝에서 생겨나는 경우(자생모), 양쪽 끝에서 생겨나는 양극모, 또는 세균 세포의 전체 주위에 생겨나는 주생모가 있다.

포자층(胞子層, acevulus) 분생자경이 밀생하고 그 기부의 세포가 서로 붙어 나란히 배열된 균체로 그 위에 분생포자를 형성한다.

표조(標兆, sign) 병원체가 병든 식물체의 병징위에 여러 가지 특징적으로 나타내는 병의 증거가 되는 것.

하면(夏眠, aestivation) ①동물 휴면의 하나로 여름철 또는 높은 온도가 계속되는 기간 동안 이나 건조 기간중에 휴면하는 것. ②생물이 고온 건조의 계절을 휴면하여 넘기는 것.

하포자(夏胞子, uredospore) 녹병균이 주로 여름과 가을에 걸쳐 형성하는 포자로 2핵세포로서 같은 기주를 계속해서 침해할 수 있다.

항균(抗菌) 세균의 번식을 막는 일.

해독(解毒) ①독의 작용을 풀어 버림. ②신체에 들어간 독을 해제함.

해충상(害蟲相, insect pest fauna) 어떤 지역에 발생하는 해충 종류의 총칭.

혐기성(嫌氣性, anaerobic) 산소가 없어도 생장할 수 있는 성질.

혼화처리(混和處理, soil incorporation) 토양에 섞어서 처리한다.

홑눈(單眼, ocellus) 곤충에 있어서 한 개의 수정체와 이에 집중된 몇 개의 망막세포로 이루어지며 극히 가까이 있는 물체의 식별 및 명암 구별 등을 맡고 있다.

환상문(環狀紋, orbicular stigma) 나비목 곤충의 날개에 있는 고리 모양의 무늬.

황색수반(黃色水盤, yellow pan) 노란색 그릇에 물을 담아 곤충을 빛에 의해 유인하는 것으로 예찰이나 유살에 사용된다.

황화(黃化, yellowing) 엽록소를 형성하지 못하여 엽록체 발달이 없어지고 누렇게 되며 생육 장애가 일어나는 현상.

횡격막(橫膈膜, cross septum) 분생포자의 세포내 가로막.

후막포자(厚膜胞子, chlamydospore) 진균의 균사 또는 포자의 일부 세포가 막이 두터워 지면서 환경에 저항할 수 있는 상태로 된 것.

후연(後緣, posterior margin) ①어떤 부위의 뒷가장자리. ②삼각형으로 되어 있는 곤충 날개의 뒤쪽. 앞쪽을 전연, 바깥쪽을 외연이라 한다.

휴면(休眠, diapause) 곤충의 생활환 중에 생활에 부적당할 때에는 활동을 중지하고 발육하지 않다가 좋은 조건이 올때에는 다시 활동 또는 발육을 계속하게 되는 경우를 말하며 활동 및 발육을 중지하는 시기를 휴면기라 한다.

흡즙(吸汁, sucking) 즙액을 빨아 먹는 것.

희석배수(稀釋倍數, dilution times) 약제 살포에 있어서 약제량에 대한 희석물량의 배율.

찾 아 보 기

ㄱ

ㄴ

ㄷ

ㄹ

ㅁ

ㅎ

A

B

C

D

E

저 자 약 력

유성호

학력 및 경력사항

- 순천대학교 식물의학과(식물병리학 전공) 농학박사
- 조경고급기술자, 수목보호기술자, 조경산업기사
- 순천만 국제정원박람회(국가정원) 조경 자문위원
- 드림조경 나무병원장
- 한국 식물병리학회 회원
- 순천대학교 수목진단센터 외래임상의
- 순창군 조경·수목 자문위원
- 광주전남 환경보전협회 수변 생태벨트 조성 자문위원
- 순천대학교 식물의학과 외래교수 (평생교육원, 농업 마이스터대학 포함)
- 2018. 07 병해충 생리장애 방제도감 저자
- 한국식물병리학회 제 24권 제 3호 250년 된 느티나무 수피이식 성공 첫 사례

수상

- 2013 순천만 국제정원박람회 감사장
- 2015 순천시장 공로 표창

TV 출현

- KBS 9시 뉴스(2016.02.20) '나무의사' 출현
- KBS VJ 특공대 810회(2016.05.20) '느티나무 달마상 혹의 비밀' 전문가 인터뷰
- KBS VJ 특공대 825회(2016.09.09) '살아 있는 장승의 비밀' 전문가 인터뷰
- KBS VJ특공대 834회(2016.11.18) '수상한 나무 색깔의 비밀' 전문가 인터뷰
- CTS 전북방송(2014-2015) '나무의사' 출현
- TBN 한국교통방송(2017) '식목일 행사의 의미' 전문가 인터뷰

유제일

학력 및 경력사항

- 광주교육대학교 컴퓨터교육과(컴퓨터교육 전공) 석사
- 조경산업기사
- 호산 조경회사 차석
- 한국과학창의재단 STEAM(융합과학) 연구회 연구원
- 2018. 07 병해충 생리장애 방제도감 저자

수상

- 2014 부총리 겸 교육부 장관 표창
- 2015 미래창조과학부 장관 표창

TV 출현

- KBS 9시 뉴스(16.02.20) '나무의사' 출현

조경 수목 피해 병해충 진단 및 처방

| 전염성 및 비전염성방제 |

초판 1쇄 2019년 01월 02일
초판 2쇄 2021년 01월 10일

지은이 유성호 유제일
발행인 황현호
발행처 학술정보센터
기 획 학술정보센터

신고번호 제 2018-000065 호
팩 스 (02) 878-0934
정 가 48,000원
구입문의 (02) 878-0540, 878-0664
홈페이지 www.dogamnara.co.kr

ISBN 978-89-94174-15-0 16520

이 도서의 국립중앙도서관 출판예정도서목록(CIP)은
서지정보유통지원시스템 홈페이지(http://seoji.nl.go.kr)와
국가자료공동목록시스템(http://www.nl.go.kr/kolisnet)에서
이용하실 수 있습니다. (CIP제어번호 : CIP2018040614)